Python 大数据分析

Big Data Analysis with Python

［美］Ivan Marin 著

雷依冰 张晨曦 译

北京航空航天大学出版社

图书在版编目(CIP)数据

Python 大数据分析 /（美）伊万·马林
(Ivan Marin) 著；雷依冰，张晨曦译. -- 北京：北京
航空航天大学出版社，2023.4
书名原文：Big Data Analysis with Python
ISBN 978-7-5124-4071-5

Ⅰ.①P… Ⅱ.①伊… ②雷… ③张… Ⅲ.①软件工
具—程序设计 Ⅳ.①TP311.561

中国国家版本馆 CIP 数据核字(2023)第 056711 号

Original English language edition published by Packt Publishing. Simplified Chinese language edition copyright © 2023 by Beihang University Press. All rights reserved.

本书中文简体字版由 Packt Publishing 授权北京航空航天大学出版社在全球范围内独家出版发行。版权所有，侵权必究。

北京市版权局著作权合同登记号 图字：01-2022-1604 号

Python 大数据分析
Big Data Analysis with Python
[美] Ivan Marin 著
雷依冰 张晨曦 译
策划编辑 董宜斌 责任编辑 杨晓方

*

北京航空航天大学出版社出版发行
北京市海淀区学院路 37 号（邮编 100191） http://www.buaapress.com.cn
发行部电话：(010)82317024 传真：(010)82328026
读者信箱：copyrights@buaacm.com.cn 邮购电话：(010)82316936
涿州市新华印刷有限公司印装 各地书店经销

*

开本：710×1 000 1/16 印张：15.5 字数：230 千字
2023 年 4 月第 1 版 2023 年 4 月第 1 次印刷
ISBN 978-7-5124-4071-5 定价：69.00 元

若本书有倒页、脱页、缺页等印装质量问题，请与本社发行部联系调换。联系电话：(010)82317024

前　　言

关于这本书

　　由于数据可扩展性、信息不一致性和容错性，实时处理大数据存在一定挑战性，而使用 Python 进行大数据分析可教会您如何使用控制数据雪崩的工具。通过这本书，您可学习到这样的实用技术：将数据聚合为有用维度以进行后验分析、提取统计测量值以及将数据集转换为其他系统的特征。

　　这本书先介绍了如何使用 Ppandas 在 Python 中进行数据操作，教您熟悉统计分析和绘图技术。还将通过多个实践测试，让您学会使用 Dask 分析分布在多台计算机上的数据。接着还将为您介绍如何在内存无法容纳全部数据时，为绘图聚合数据。本书还将带领您探索 Hadoop（HDFS 和 YARN），它可帮助您处理更大的数据集。此外，这本书还介绍了 Spark 相关知识，并解释了它如何与其他工具进行交互。

　　在本书的结尾，您将学习到如何设置自己的 Python 环境，处理大型文件并操作数据以生成统计数据、度量和图表。

学习目标

　　使用 Python 读取数据并将其转换为不同的格式。
　　使用磁盘上的数据生成基本的统计数据和指标。
　　处理分布在集群上的计算任务。
　　将来自不同来源的数据转换为存储格式或查询格式。
　　为统计分析、可视化和机器学习准备数据。

以视觉效果的形式呈现数据。

成 果

使用 Python 进行大数据分析采用实践方法来理解如何使用 Python 和 Spark 处理数据并从中获得有用的东西。它包含多个使用真实业务场景的测试，让您在高度相关的环境中练习和应用您的新技能。

读者对象

Python 大数据分析是为 Python 开发人员、数据分析师和数据科学家设计的，他们需要亲自动手控制数据并将其转化为有影响力的见解。书中关于统计度量和关系数据库的基本知识将帮助您理解在本书中的各种概念。

硬件要求

为了获得最佳的体验，我们推荐以下硬件配置：

- 处理器：Intel 或 AMD4 核或更高版本。
- 内存：8 GB RAM。
- 存储空间：20 GB 可用空间。

软件要求

您需要提前安装以下软件。

1. 任何一种操作系统
- Windows7 SP1 32/64 位
- Windows8.1 32/64 位或 Windows10 32/64 位
- Ubuntu14.04 或更高版本
- macOS Sierra 或更高版本
2. 浏览器：Google Chrome、Mozilla Firefox 或者 Jupyter Lab

3. 安装的软件
- Python3.5+
- Anaconda4.3+

4. 在 Anaconda 安装中包含的 Python 库
- matplotlib2.1.0+
- iPython 6.1.0+
- requests2.18.4+
- numPy1.13.1+
- Ppandas0.20.3+ Scikit-learn0.19.0+
- seaborn 0.8.0+
- bokeh0.12.10+

5. 手动安装的 Python 库
- mlxtend
- version_information
- ipython-sql
- pdir2
- graphviz

安装和设置

安装 Anaconda：

1. 在浏览器中访问 https://www.anaconda.com/download/。
2. 根据正在使用的操作系统，选择对应的 Windows、Mac 或 Linux 版本。
3. 单击"download"选项。请确保下载最新版本。
4. 下载后打开安装程序。
5. 按照安装程序中的步骤操作后，Anaconda 发行版就已经安装完成了。

PySpark 可以在 PyPi 上找到。要安装 PySpark，请运行以下命令：pip

install pyspark -- upgrade。

更新Jupyter并安装依赖项：

1. 搜索Anaconda Prompt并打开。
2. 输入以下命令更新Conda和Jupyter。

Update conda
Conda update conda

Update Tupyter
conda updateJupyter

install packages
conda install numpy
conda install Ppandas
conda install statsmodels
conda install seaborn

3. 要从Anaconda Prompt中打开Jupyter Notebook，请使用以下命令：

Jupyter notebook
Pip install-U scikit-learn

安装代码包

将类的代码包复制到C:/Code文件夹中。

其他资源

这本书的代码包也可以在GitHub上找到：https:/github.com/TrainingByPackt/Big-Data-Analysis-with-Python.

我们还为读者推荐了拓展阅读书籍和视频目录中的其他代码资料，网址为：https:/github.com/PacktPublishing/.

目 录

第 1 章 Python 数据科学堆栈 ... 1
1.1 概述 ... 1
1.2 Python 库和软件包 ... 2
1.2.1 IPython：一个功能强大的交互式 shell ... 2
1.2.2 Jupyter Notebook ... 4
1.2.3 使用 IPython 还是 Jupyter ... 8
1.2.4 Numpy ... 9
1.2.5 Scipy ... 10
1.2.6 Matplotlib ... 10
1.2.7 Pandas ... 11
1.3 使用 Pandas ... 11
1.3.1 读取数据 ... 12
1.3.2 数据操作 ... 13
1.4 数据类型转换 ... 21
1.5 聚合和分组 ... 24
1.6 从 Pandas 导出数据 ... 26
1.7 Pandas 可视化 ... 29
1.8 总结 ... 31

第 2 章 统计数据可视化 ... 33
2.1 概述 ... 33
2.2 可视化图表 ... 34

2.3 图表的组件 ·· 36
2.4 Seaborn ··· 40
2.5 图的类型 ·· 41
　　2.5.1 折线图(Line graph) ································ 42
　　2.5.2 散点图(Scatter plot) ······························ 45
　　2.5.3 直方图(Histogram) ································ 48
　　2.5.4 箱线图(Boxplot) ·································· 51
2.6 Pandas DataFrame ·· 54
2.7 修改图的组件 ·· 57
　　2.7.1 配置轴对象的标题和标签 ···························· 57
　　2.7.2 修改线条颜色和样式 ································ 60
　　2.7.3 修改图的大小 ······································ 60
2.8 导出图像 ·· 63
2.9 总　结 ·· 67

第 3 章 使用大数据框架

3.1 概　述 ·· 69
3.2 Hadoop ·· 70
　　3.2.1 使用 HDFS 操控数据 ································ 71
3.3 Spark 数据处理平台 ······································ 73
　　3.3.1 Spark SOL 以及 Pandas DataFrame ··················· 75
3.4 Parquet 文件 ·· 80
　　3.4.1 编写 Parquet 文件 ································· 81
　　3.4.2 使用 Parquet 和 Partitions 提高分析性能 ············ 82
3.5 处理非结构化数据 ·· 84
3.6 总　结 ·· 87

第 4 章 Spark DataFrame

4.1 概　述 ·· 89
4.2 使用 Spark DataFrame 使用方法 ··························· 90

4.3 从 Spark DataFrame 中写入输出 ·········· 94
4.4 探索和了解 Spark DataFrame 更多特点 ·········· 95
4.5 使用 Spark DataFrame 对数据进行相关操作 ·········· 98
4.6 Spark DataFrame 绘制图形 ·········· 106
4.7 总　结 ·········· 112

第 5 章　处理缺失值以及相关性分析 ·········· 114
5.1 概　述 ·········· 114
5.2 设置 Jupyter Notebook ·········· 115
5.3 缺失值 ·········· 116
5.4 处理 Spark DataFrame 中的缺失值 ·········· 119
5.5 相关性 ·········· 121
5.6 总　结 ·········· 126

第 6 章　进行探索性数据分析 ·········· 127
6.1 概　述 ·········· 127
6.2 定义商业问题 ·········· 128
　　6.2.1 问题识别 ·········· 129
　　6.2.2 需求收集 ·········· 130
　　6.2.3 数据管道和工作流 ·········· 130
　　6.2.4 识别可测量的指标 ·········· 130
　　6.2.5 文档和展示 ·········· 131
6.3 将商业问题转化为可测量的度量标准和进行探索性数据分析
　　（Exploratory Data Analysis，EDA） ·········· 131
　　6.3.1 数据采集 ·········· 132
　　6.3.2 数据生成分析 ·········· 132
　　6.3.3 KPI 可视化 ·········· 133
　　6.3.4 特征重要性 ·········· 133
6.4 数据科学项目生命周期的结构化方法 ·········· 145
　　6.4.1 第一阶段：理解和定义业务问题 ·········· 146

6.4.2　第二阶段：数据访问与发现 …………………… 146
　　6.4.3　第三阶段：数据工程和预处理 ………………… 147
　　6.4.4　第四阶段：模型开发 …………………………… 148
6.5　总　结 ……………………………………………………… 149

第7章　大数据分析中的再现性 ………………………… 150
7.1　概　述 ……………………………………………………… 150
7.2　Jupyter Notebooks 的再现性 ……………………………… 151
　　7.2.1　业务问题介绍 ……………………………………… 152
　　7.2.2　记录方法和工作流程 ……………………………… 152
　　7.2.3　数据管道 …………………………………………… 153
　　7.2.4　相关性 ……………………………………………… 153
　　7.2.5　使用源代码版本控制 ……………………………… 153
　　7.2.6　模块化过程 ………………………………………… 154
7.3　以可复制的方式收集数据 ………………………………… 154
　　7.3.1　标记单元格和代码单元格中的功能 ……………… 155
　　7.3.2　解释标记语言中的业务问题 ……………………… 156
　　7.3.3　提供数据源的详细介绍 …………………………… 157
　　7.3.4　解释标记中的数据属性 …………………………… 157
7.4　进行编码实践和标准编写 ………………………………… 162
　　7.4.1　环境文件 …………………………………………… 162
　　7.4.2　编写带有注释的可读代码 ………………………… 162
　　7.4.3　工作流程的有效分割 ……………………………… 163
　　7.4.4　工作流文档 ………………………………………… 163
7.5　避免重复 …………………………………………………… 167
　　7.5.1　使用函数和循环优化代码 ………………………… 168
　　7.5.2　为代码/算法重用开发库/包 ……………………… 169
7.6　总　结 ……………………………………………………… 170

目 录

第 8 章 创建完整的分析报告 …………………………………………… 171
    8.1 概 述 ………………………………………………………… 171
    8.2 Spark 可从不同的数据源读取数据 ………………………… 172
    8.3 在 Spark DataFrame 上进行 SQL 操作 …………………… 173
    8.4 生成统计测量值 ……………………………………………… 181
    8.5 总 结 ………………………………………………………… 185

附 录 …………………………………………………………………… 187

第1章 Python 数据科学堆栈

学习目标

我们将通过了解 Python 如何操作和可视化数据、创建有用的分析开始我们的旅程。

学习本章内容，您将学会：

使用 Python 数据科学堆栈的所有组件；

灵活使用 Pandas DataFrame 操作数据；

使用 Pandas 和 Matplotlib 创建简单的绘图。

在本章中，我们将学习如何使用 NumPy、Pandas、Matplotlib、IPython 和 Tupyter notebook。在本章的后面，我们将探讨 virtualenv、pyenv 是如何部署以及工作的，之后我们将使用 Matplotlib 和 Seaborn 库绘制基本的可视化图。

1.1 概 述

Python 数据科学堆栈是一组用于解决数据科学问题的库的非正式名称。对于哪些库属于这个列表的一部分还没有达成共识，这通常取决于数据科学家和要解决的问题。我们将介绍最常用的库，并解释如何使用它们。

在本章中，我们将学习如何使用 Python 数据科学堆栈来处理表格数据。Python 数据科学堆栈是操作大型数据集的第一块垫脚石，尽管这些库本身并不适用用于大数据。当我们访问大型数据集时，这些思想和方法将非常有助于您处理一些问题。

1.2　Python 库和软件包

　　Python 是一种功能强大的编程语言的原因是它附带的库和软件包。在 Python 包索引（PyPI）上有超过 13 万个软件包，并且数量还在增加！下面让我们来探索一下数据科学堆栈中的一些库和软件包。

　　数据科学堆栈的组成部分如下：

NumPy：数值操作包；

Pandas：数据操作和分析库；

SciPy Library：建立在 NumPy 之上的数学算法集合；

Matplotlib：绘图和图表库；

IPython：交互式的 Python Shell；

Jupyter Notebook：用于交互式计算的网络文档应用程序。

　　这些库的组合构成了用于处理数据操作和分析的强大工具集。本书中我们将带领大家浏览每个库，探索和学习它们的功能，并展示它们是如何一起工作的。下面我们从解释器开始介绍。

1.2.1　IPython：一个功能强大的交互式 shell

　　IPython Shell（https：/ipython.org/）是一个交互式的 Python 命令解释器，它可以处理多种语言。它的作用是在创建文件并且运行它们的前提下，使我们能够快速地测试想法。大多数 Python 安装时都有一个捆绑的命令解释器，通常称为 Shell，您可以使用它迭代执行命令。这个标准的 Python Shell 虽然很方便，但它使用起来有点麻烦。

　　IPython 还有更多的功能：

　　（1）在会话之间可以输入历史纪录，因此当您重新启动 Shell 时，可以重新使用前面键入的命令。

　　（2）大家可以使用 tab 键完成命令和变量，您可以键入 Python 命令、函数或变量的首字母，IPython 会自动完善它。

（3）扩展 Shell 功能的魔术命令。魔术功能可以增强 IPython 功能，例如，添加一个模块，该模块可以在磁盘中更改后重新加载导入，而无需重新启动 IPython。

（4）语法突出显示。

练习 1：使用 IPython 命令与 Python Shell 程序进行交互

Python Shell 的入门很简单，让我们按照以下步骤编程与 IPython Shell 进行交互。

1. 要启动 Python Shell，我们需要在控制台键入 iPython 命令。

```
> ipython
In[ 1 ]:
```

这样，IPython Shell 就准备就绪，等待进一步的命令。让我们做一个简单的练习，使用一种直接插入的基本排序方法来解决排序问题。

2. 在 IPython Shell 中，复制粘贴以下代码。

```
importnumpy as np
vec = np.random.randint(0,100,size = 5)
print(vec)
```

现在，输出随机生成的数字类似于以下内容：

```
[23,66,12,54,98,3]
```

3. 使用以下逻辑可按升序打印 vec 数组中的元素。

```
For j in np.arange(1, vec.size):
    v = vec[j]
    i = j
    while i > 0 and vec[i-1] > v:
        vec[i] = vec[i-1]
        i = i-1
```

```
vec[i] = v
```

使用 print(vec) 命令在控制台上输出数组。

```
[3,12,23,54,66,98]
```

4. 修改代码。不是创建一个包含 5 个元素的数组,而是更改其参数,创建一个包含 20 个元素的数组,使用向上箭头键编辑粘贴代码。更改完相关部分后,使用向下箭头键移动到代码的末尾,然后按"Enter"键,执行它。

请注意,左边的数字表示指令编号,这个数字值会一直在增加。我们将该值归因于一个变量,并对该变量执行一个操作,以交互式的方式获得结果。我们将会在后续章节中使用 IPython。

1.2.2 Jupyter Notebook

Jupyter Notebook(https://jupyter.org/)最初是 IPython 的一部分,但在 IPython 第 4 版中被分离出来并扩展,现在作为一个单独的项目存在。Notebook 是指基于交互式 Shell 模型的扩展,创建可以运行代码、显示文档和显示结果(如图表和图像)的文档。

Jupyter 是一个 web 应用程序,使用时不需要安装单独的软件,它可以直接在 web 浏览器中运行。Jupyter 可以使用 IPython 作为运行 Python 的内核,但它也支持由开发者社区贡献的其他 40 多个内核。

笔 记

用 Jupyter 的话来说,内核是计算引擎,它运行在 Notebook 代码单元格中输入的代码。例如,IPython 内核在笔记本中执行 Python 代码。其他语言也有内核,比如 R 和 Julia。

Jupyter Notebook 已经成为一个从初学者到高级用户,从小型企业到大型企业,甚至学术界都可以用来执行数据科学相关操作的平台。在过去的几年里，它的受欢迎程度大大提高。一个 Jupyter Notebook 同时包含了您在它上面运行的代码的输入和输出。它支持文本、图像、数学公式等各种形式，并且是开发代码和检验结果的优秀平台。因为它是 web 格式，所以不同笔记本之间可以通过互联网共享数据。另外，它还支持 Markdown 标记语言和将 Markdown 文本呈现为富文本，并支持格式化和其他功能。

正如我们之前所看到的，每个 Notebook 都有一个内核。这个内核是之后在单元格中执行代码的解释器。Notebook 的基本单元被称为单元格，单元格是代码或文本的容器。我们有两种主要类型的单元格：

- 代码单元格；
- Markdown 单元格。

代码单元格中可以写入要在内核中执行的代码，并且将其代码运行的结果显现在单元格下方。Markdown 单元格可以接受标记，并在执行单元格时将标记中的文本解析为格式化文本。

让我们运行下面的练习，以总结 Jupyter Notebook 相关实践经验。

Notebook 的基本组件是一个单元格，它可以根据所选择的模式接受代码或文本。

让我们新建一个 Notebook 演示如何使用单元格，它有两种状态：

- 编辑模式；
- 运行模式。

在编辑模式下，可以编辑单元格的内容，而在运行模式下，可以通过内核或被解析为格式化的文本来执行单元格。

您可以使用"**Insert**"菜单选项或使用键盘快捷键"Ctrl＋B"添加新单元格。使用菜单或"Y"快捷键以及 Markdown 单元的"M"快捷键，可以使单元格在标记模式和代码模式之间转换。

如果要执行单元格，请单击"**Run**"选项或使用"Ctrl＋Enter"快捷键。

练习 2：Jupyter Notebook 入门

让我们执行以下步骤演示如何在 Jupyter Notebook 中执行简单的

程序。

第一次使用Jupyter Notebook可能会令人困惑,下面让我们尝试探索性地了解它的界面和功能。GitHub上提供了相关练习的可参考的Notebook。

启动Jupyter Notebook服务器,并按照以下步骤进行操作。

1. 要启动Jupyter Notebook服务器,请在控制台上运行以下命令。

< Jupyter Notebook

2. 成功运行或安装Jupyter Notebook后,打开一个浏览器窗口,并导航到http://localhost:8888访问笔记本。

3. 将会看到一个类似于图1.1屏幕截图中所示的Notebook。

图1.1 Jupyter Notebook

4. 从右上角单击"New",并从列表中选择"Python3"。

5. 这时出现一个新的Notebook,出现的第一个输入单元格是一个代码单元格。默认单元格类型为"code"。您可以通过位于"Cell"菜单下的"Cell Type"选项对其进行更改,如图1.2所示。

第1章
Python 数据科学堆栈

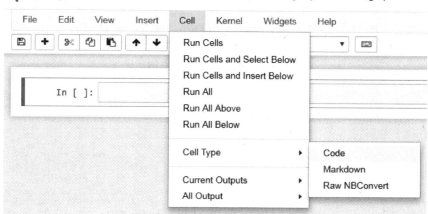

图 1.2　Jupyter 的单元格菜单中的选项

6. 在新生成的代码单元格中的第一个单元格中添加以下算术函数。

In[ ]:x = 2
　　print(x * 2)
Out[ ]:4

7. 添加一个函数,返回两个数字的算术平均值,然后执行该单元格。

In[ ]:def mean(a,b):
return(a + b)/2

8. 我们用均值函数调用有两个值的函数,10 和 20,执行此单元格。该函数会被调用,并打印输出答案。

In[ ]:mean(10,20)
Out[ ]:15.0

9. 我们需要记录这个函数。现在,创建一个新的标记单元格,并在标记单元格中编辑文本,记录函数的功能,如图 1.3 所示。

10. 添加一张来自 web 的图片。添加图片的原因是我们认为 Notebook 应该是一个记录所有分析部分的文档,所以有时我们需要用包含一个图表

7

The mean function calculates the arithmetic mean of two values.

This is a text cell. It accepts Markdown, Latex and HTML.

图 1.3　Jupyter Notebook 中的标记

或来自其他来源的图表解释其中的一个要点。

11. 在同一个标记单元格中会包含 LaTex 中的数学表达式，如图 1.4 所示。

$$f(x) = \int_{-\infty}^{\infty} e^{-2ikx} f(k)$$

图 1.4　Jupyter Notebook 中的 LaTex 表达

正如我们将会在本书后面中看到的那样，Notebook 是我们从事数据分析过程的基础性内容。我们刚才操作的步骤说明了不同类型单元格的使用方法，以及我们可以记录分析的不同方法。

1.2.3　使用 IPython 还是 Jupyter

IPython 和 Jupyter 在数据分析工作中都很重要。通常，IPython Shell 用于快速交互和具有更大数据量的工作，例如，调试脚本或运行异步任务。Jupyter Notebook 非常适合展示结果，以及生成具有代码、文本和数字的视觉叙述。除图形部分外，我们之后展示的大多数示例在这两个部分中都可以执行。

IPython 能够显示图形，但在通常情况下，在 Jupyter 中显示图形更为自然。在本书中，我们通常会使用 Jupyter，但这些说明同样也适用于 IPython。

测试 1：IPython 和 Jupyter

这里我们演示一下 IPython 和 Jupyter 中常见的 Python 开发。先导入

NumPy,定义一个函数,并迭代结果。

1. 在文本编辑器中打开文件 **python_script_student.py**,将内容复制到 IPython 中的笔记本中,并执行操作。

2. 将 Python 脚本中的代码复制粘贴到 Jupyter Notebook 中。

3. 然后更新 **x** 和 **c** 常量的值,更改该函数的定义。

笔　记

这个测试的解决方案可以在本书附录中找到。

我们现在知道了如何在 Notebook 中快速地处理函数和更改函数定义。这在当我们探索和发现一些代码或分析的正确方法时非常有用。Notebook 所允许的迭代方法在原型化方面可以非常高效,而且比将代码写入脚本并执行该脚本、检查结果和再次更改脚本更快。

1.2.4　NumPy

NumPy(http://www.numpy.org)是一个来自 Python 科学计算社区的软件包。NumPy 非常适合用来处理多维数组和将线性代数函数应用于这些数组。它还拥有集成 C、C++和 Fortran 代码的工具,从而进一步提高了其性能。有许多 Python 包使用 NumPy 作为他们的数字引擎,包括 Pandas 和 Scikit-learn。这些软件包是 SciPy 的一部分,SciPy 是一个用于数学、科学和工程的包的生态系统。

如果要导入软件包,请先打开之前测试中使用的 Jupyter Notebook,并输入以下命令:

import numpy as np

NumPy 最主要的处理对象是齐次多维数组 **Ndarray**,其通常由数字组成,可以保存通用数据。NumPy 还包括几个关于数组操作、线性代数、矩阵运算、统计和其他领域的函数。NumPy 的一个优点是在矩阵和线性代数运算中很常见，NumPy 的另一个优点是它可以集成 C++ 和 FORTRAN 代码。NumPy 也被其他 Python 库大量使用，比如 Pandas。

1.2.5 Scipy

SciPy（https：//www.scipy.org）是一个包含数学、科学和工程学库的系统。NumPy、SciPy、scikit-learn 和其他软件都是这个系统的一部分。它也是一个包含了许多科学领域的核心功能库的名称。

1.2.6 Matplotlib

Matplotlib（https：/matplib.org）是一个 Python 用于绘制 2D 图表的绘图库。它能够生成供展示使用的各种打印件格式的图形。它可以使用本机的 Python 数据类型、NumPy 数组和 Pandas DataFrame 作为数据源。Matplotlib 支持多个后端（支持交互式或文件格式的输出生成的部分），这使得 Matplotlib 可以实现多平台。这种灵活性允许 Matplotlib 使用工具包进行扩展，以生成其他类型的图，如地理图和 3D 图。

Matplotlib 的交互界面灵感来自 MATLAB 绘图界面，这个交互界面可以通过 **Matplotlib.Pyplot** 模块访问，可以直接将输出文件写入磁盘。通常，Matplotlib 可以在脚本、IPython 或 Jupyter 环境、web 服务器和其他平台中使用，由于其需要代码来生成具有更多细节的图，Matplotlib 有时被认为是低级的。我们将在这本书中看到的绘制图表的工具如 Seaborn library，它是我们前面提到的扩展工具包。

如果要导入交互式界面，请在 Jupyter Notebook 中使用以下命令：

```
importmatplotlib.pyplot as plt
```

这样以便能够访问绘图功能。我们将在第 2 章中更详细地介绍如何使用 Matplotlib。

第1章
Python 数据科学堆栈

1.2.7 Pandas

Pandas(https://Pandas.pydata.org)是一个在数据科学界广泛使用的数据操作和分析库。Pandas 被设计用于处理表格或标签数据,比如 SQL 表和 Excel 文件。

后面我们将更详细地探讨 Pandas 可以实现的操作。目前,我们先了解两种基本的 Pandas 数据结构:**Series**,为一种一维数据结构;**DataFrame**,一种支持索引的二维数据结构,这是数据科学的主力。

Series 和 **DataFrame** 中的数据可以是有序或无序、同构或异构。Pandas 还有一个特性是能够轻松地添加或删除行和列,可以实现如 GroupBy、连接、子集和索引列这些 SQL 用户更熟悉的操作。另外,Pandas 也很擅长处理时间序列数据,使用者可以通过简单灵活的时间索引选择日期。

下面我们使用以下命令将 Pandas 从之前的测试导入到 Jupyter Notebook 中:

```
import Pandas as pd
```

1.3 使用 Pandas

我们将演示使用 Pandas 进行主要的数据操作。通常这种方法被作为其他数据操作工具的标准,如 Spark,因此学习如何使用 Pandas 进行数据操作对大家学习其他工具的用法很有帮助。在大数据管道中,通常会将部分数据或数据样本转换为 Pandas DataFrame,以便应用更复杂的转换和可视化数据,或者在 Scikit-learn 库中使用更精确的机器学习模型。Pandas 在内存和单机操作方面也很有优势。虽然在数据大小和 Pandas DataFrame 之间的内存处理需花费较多时间,但它可以用于快速处理大量数据。

接下来,我们将学习如何进行下列基本操作:

将数据读入 DataFrame 中;

选择和过滤；

将函数应用于数据；

分组和聚合；

从 DataFrame 中可视化数据。

下面我们从将数据读入到一个 Pandas 的 DataFrame 中开始介绍。

1.3.1 读取数据

Pandas 可以接受多种数据格式和数据获取方法。让我们从更常见的方法开始，例如读取 CSV 文件。Pandas 有一个名为 **read_csv** 的函数，它可以用于从本地或 URL 读取 CSV 文件。下面我们读取一些来自 Socrata 开放数据计划的数据，其中列出了美国环境保护署（EPA）收集的环境放射性含量数据。

练习 3：在 Pandas 中读取数据

没有数据，分析师如何分析数据？我们需要学习如何将来自互联网的数据导入我们的 Notebook 上，这样我们就可以进行分析。下面我们演示 Pandas 如何从互联网源读取 CSV 数据，以便我们可以对其进行分析。

1. 导入 Pandas 库

   import Pandas aspd

2. 读取 **Automobile mileage dataset**，该数据集可在以下网址获得

   https://github.com/TrainingByPackt/Big-Data-Analysis-with-Python/blob/master/Lesson01/import-85.data。并且将其转换为 csv。

3. 使用 **read_csv** 函数上的参数名称来命名数据

   Sample codedf = pd.read_csv("/path/to/imports-85.csv", names = columns)

4. 显示调用方法,使用 Pandas 上的 read_csv 函数,并在 DataFrame 上显示调用方法 head 的第一行

import Pandas as pd

df=pd.read_csv("imports-85.csv")

df.head( )

输出如图 1.5 所示。

	3	?	alfa-romero	gas	std	two	convertible	rwd	front	88.60	...	130	mpfi	3.47	2.68	9.00	111	5000	21	27	13495
0	3	?	alfa-romero	gas	std	two	convertible	rwd	front	88.6	...	130	mpfi	3.47	2.68	9.0	111	5000	21	27	16500
1	1	?	alfa-romero	gas	std	two	hatchback	rwd	front	94.5	...	152	mpfi	2.68	3.47	9.0	154	5000	19	26	16500
2	2	164	audi	gas	std	four	sedan	fwd	front	99.8	...	109	mpfi	3.19	3.40	10.0	102	5500	24	30	13950
3	2	164	audi	gas	std	four	sedan	4wd	front	99.4	...	136	mpfi	3.19	3.40	8.0	115	5500	18	22	17450
4	2	?	audi	gas	std	two	sedan	fwd	front	99.8	...	136	mpfi	3.19	3.40	8.5	110	5500	19	25	15250

图 1.5 Automobile mileage dataset 的条目

Pandas 可以读取格式如下所列:

JSON;

Excel;

HTML;

HDF5;

Parquet(带 PyArrow);

SQL databases;

Google Big Query。

试着在 Pandas 中读取其他格式,如 Excel 工作表等。

1.3.2 数据操作

我们所说的数据操作是指应用于数据上的任何选择、转换或聚合。数据操作可以基于以下几个原因进行数据操作:

(1) 选择要进行分析的数据的子集。

(2) 清理数据集,删除无效、错误或缺失的值。

(3) 将数据分组到有意义的集合并应用聚合函数。

Pandas 的设计目的是让分析人员以一种高效的方式进行这些转换。

1. 选择和过滤

PandasDataFrame 可以像 Python 列表一样进行分配。例如,要选择 DataFrame 前 10 行中的子集,我们可以使用[0:10]表示。我们可以在图 1.6 中看到,在 NumPy 中选择区间[1:3]表示选择了第 1 和第 2 行。

```
df.head(10)
```

	State	Location	Date Posted	Date Collected	Sample Type	Unit	Ba-140	Co-60	Cs-134
0	ID	Boise	03/30/2011	03/23/2011	Air Filter	pCi/m3	Non-detect	Non-detect	NaN
1	ID	Boise	03/30/2011	03/23/2011	Air Filter	pCi/m3	Non-detect	Non-detect	NaN
2	AK	Juneau	03/30/2011	03/23/2011	Air Filter	pCi/m3	Non-detect	Non-detect	0.0057
3	AK	Nome	03/30/2011	03/22/2011	Air Filter	pCi/m3	Non-detect	Non-detect	NaN
4	AK	Nome	03/30/2011	03/23/2011	Air Filter	pCi/m3	Non-detect	Non-detect	NaN
5	AK	Nome	03/30/2011	03/23/2011	Air Filter	pCi/m3	Non-detect	Non-detect	0.016
6	AK	Nome	04/04/2011	03/24/2011	Air Filter	pCi/m3	Non-detect	Non-detect	0.14
7	AK	Nome	04/04/2011	03/24/2011	Air Filter	pCi/m3	Non-detect	Non-detect	0.1
8	HI	Oahu	03/30/2011	03/20/2011	Air Filter	pCi/m3	Non-detect	Non-detect	0.034
9	HI	Oahu	03/30/2011	03/20/2011	Air Filter	pCi/m3	Non-detect	Non-detect	0.028

图 1.6 在 Pandas DataFrame 中的选择

在下一节中,我们将深入探讨如何选择和过滤操作的问题。

2. 使用切片(slicing)选择行

在执行数据分析时,我们通常希望看到数据在某些条件下的不同行为方式,例如,对几列数据的比较,以及只选择几列帮助程序读取数据,甚至是绘图。我们也可能希望检查特定的值,例如,检查具有某一列具有特定的值时的其余数据。

在使用切片进行数据选择后,我们可以使用其他方法从数据的开头选择几行代码,例如,**head** 方法,但是我们如何在数据中选择列呢?

若要选择一个列,只需使用该列的名称。这里,我们使用 Notebook。下面我们使用以下命令在 Database 中选择 cylinders 列。

```
df['State']
```

输出结果如图 1.7 所示：

```
0    ID
1    ID
2    AK
3    AK
4    AK
Name: State, dtype: object
```

图 1.7　显示状态的 Database

我们可以完成的另一种选择形式是通过列中的特定值进行过滤。例如，假设我们想要选择所有具有 MN 值状态的列。怎么才能做到呢？我们可以尝试使用 Python 等式运算符和 DataFrame 选择操作。

```
df[df.State=="MN"]
```

输出结果如图 1.8 所示。

	State	Location	Date Posted	Date Collected
367	MN	St. Paul	04/08/2011	03/28/2011
368	MN	St. Paul	04/22/2011	04/13/2011
380	MN	Welch	04/08/2011	03/29/2011
381	MN	Welch	06/01/2011	04/14/2011
555	MN	St. Paul	04/04/2011	03/22/2011
556	MN	St. Paul	04/10/2011	03/29/2011

图 1.8　显示 MN 状态的 dataframe

注意在同一时间可以应用多个 filter。当组合多个过滤函数时，可以使用 OR、NOT 和 AND 逻辑操作。例如，要选择所有状态等于 AK 并且 Nome 位置的行，请使用 & 运算符。

df[(df.State == "AK")&(df.Location == "Nome")]

输出结果如图 1.9 所示。

```
8]: df[(df.State == "AK") & (df.Location == "Nome")]
8]:    State Location Date Posted Date Collected Sample Type Unit   Ba-140     Co-60      Cs-134   Cs-136
    3   AK    Nome   03/30/2011  03/22/2011    Air Filter   pCi/m3 Non-detect Non-detect NaN      NaN
    4   AK    Nome   03/30/2011  03/23/2011    Air Filter   pCi/m3 Non-detect Non-detect NaN      NaN
    5   AK    Nome   03/30/2011  03/23/2011    Air Filter   pCi/m3 Non-detect Non-detect 0.016    NaN
    6   AK    Nome   04/04/2011  03/24/2011    Air Filter   pCi/m3 Non-detect Non-detect 0.14     Non-detect
    7   AK    Nome   04/04/2011  03/24/2011    Air Filter   pCi/m3 Non-detect Non-detect 0.1      0.012
    18  AK    Nome   03/30/2011  03/22/2011    Air Cartridge pCi/m3 Non-detect Non-detect NaN     NaN
    19  AK    Nome   03/30/2011  03/23/2011    Air Cartridge pCi/m3 Non-detect Non-detect NaN     NaN
```
df[(df.State == 'AK' & (df.Location == 'Nome'))]

图 1.9 显示状态 AK 和位置 Nome 的 DataFrame

另一种好的方法是 .loc。该方法有两个参数：行选择和列选择，且其支持细粒度选择。此时，需要注意，根据应用的操作，返回类型可以是 DataFrame 或 Series，但 loc 方法返回类型为 Series，因为它只选择了一个列；这是意料之中的，因为每个 DataFrame 列都是一个 Series。当需要选择多个列时，这一点也很值得注意。为此，建议您使用两个括号而不是一个括号，并使用您想要选择的任意列。

练习 4：数据选择以及 .loc 方法

如前所述，选择数据、分离变量以及查看感兴趣的列和行是分析过程的基础。假设我们想分析明尼苏达州 I-131 的辐射，方法如下：

1. 在 Jupyter Notebook 中使用以下命令导入 NumPy 和 Pandas 库。

```
import numpy as np
import Pandas as pd
```

2. 获得数据集。可从 Socrata 项目获得美国国家环境保护局的 RadNet 数据集：https://github.com/TrainingByPackt/Big-Data-Analysis-with

-Python/blob/master/Lesson01/RadNet_Laboratory_Analysis.csv。

```
url = "https://opendata.socrata.com/api/views/cf4r-dfwe/rows.csv?accessType=DOWNLOAD"
df = pd.read_csv(url)
```

3. 使用State列首先使用['<name of the column>']表示法选择一列。

```
df['State'].head( )
```

这里的输出结果如图1.10所示。

```
0    ID
1    ID
2    AK
3    AK
4    AK
Name: State, dtype: object
```

图1.10 State列中的数据

4. 使用MN列名筛选列中的选定值。

```
df[df.State == "MN"]
```

上面输出结果如图1.11所示。

5. 在每个条件中选择多个列。添加用于筛选的Sample Type列。

```
df[(df.State == 'CA')&(df['Sample Type'] == 'Drinking Water')]
```

输出情况如图1.12所示。

6. 选择MN state和同位素I-131。

```
df[(df.State == "MN")["I-131"]
```

此时,输出结果如图1.13所示。

明尼苏达州ID为555同位素辐射是最高的。

7. 我们可以使用.loc方法使情况变得更加简便,请按照状态筛选并选择同一.loc;调用列。

```
df_rad.loc[df_rad.State == "MN","I-131"]
```

	State	Location	Date Posted	Date Collected	Sample Type	Unit	Ba-140	Co-60	Cs-134	Cs-136	Cs-137	I-131	I-132	I-133
367	MN	St. Paul	04/08/2011	03/28/2011	Drinking Water	pCi/l	Non-detect	Non-detect	Non-detect	Non-detect	Non-detect	Non-detect	Non-detect	Non-detect
368	MN	St. Paul	04/22/2011	04/13/2011	Drinking Water	pCi/l	Non-detect	Non-detect	Non-detect	Non-detect	Non-detect	0.16	Non-detect	Non-detect
380	MN	Welch	04/08/2011	03/29/2011	Drinking Water	pCi/l	Non-detect	Non-detect	Non-detect	Non-detect	Non-detect	Non-detect	Non-detect	Non-detect
381	MN	Welch	06/01/2011	04/14/2011	Drinking Water	pCi/l	Non-detect	Non-detect	Non-detect	Non-detect	Non-detect	Non-detect	Non-detect	Non-detect
555	MN	St. Paul	04/04/2011	03/22/2011	Precipitation	pCi/l	Non-detect	Non-detect	Non-detect	NaN	Non-detect	32.3	Non-detect	Non-detect
556	MN	St. Paul	04/10/2011	03/29/2011	Precipitation	pCi/l	Non-detect	Non-detect	Non-detect	Non-detect	Non-detect	16	Non-detect	Non-detect
557	MN	Welch	04/04/2011	03/17/2011	Precipitation	pCi/l	Non-detect	Non-detect	Non-detect	NaN	Non-detect	Non-detect	Non-detect	Non-detect
558	MN	Welch/510	04/13/2011	04/04/2011	Precipitation	pCi/l	Non-detect	Non-detect	Non-detect	Non-detect	Non-detect	9.1	Non-detect	Non-detect

图 1.11 DataFrame 中 states 为 MN 的行

	State	Location	Date Posted	Date Collected	Sample Type	Unit	Ba-140	Co-60	Cs-134	Cs-136	Cs-137	I-131	I-132	I-133	Te-129
305	CA	Los Angeles	04/10/2011	04/04/2011	Drinking Water	pCi/l	Non-detect	Non-detect	Non-detect	Non-detect	Non-detect	0.39	Non-detect	Non-detect	Non-detect
306	CA	Los Angeles	06/01/2011	04/12/2011	Drinking Water	pCi/l	Non-detect	Non-detect	Non-detect	Non-detect	Non-detect	0.18	Non-detect	Non-detect	Non-detect
356	CA	Richmond	04/09/2011	03/29/2011	Drinking Water	pCi/l	Non-detect	Non-detect	Non-detect	Non-detect	Non-detect	Non-detect	Non-detect	Non-detect	Non-detect
357	CA	Richmond	06/01/2011	04/13/2011	Drinking Water	pCi/l	Non-detect	Non-detect	Non-detect	Non-detect	Non-detect	Non-detect	Non-detect	Non-detect	Non-detect

图 1.12 DataFrame 中 State 为 CA 和 Sample Type 为 Drinking Water 的行

df[['I-132']].head()

输出结果如图 1.14 所示：

在本次的练习中，我们学习了如何通过使用 Numpy 切片表示法和 .loc 方法过滤和选择列或行上的值。这有助于我们分析数据，因为这样我们可以检查和操作数据的一个子集，而不必同时处理整个数据集。

```
367    Non-detect
368       0.16
380    Non-detect
381    Non-detect
555      32.3
556        16
557    Non-detect
558       9.1
Name: I-131, dtype: object
```

图 1.13　DataFrame 中明尼苏达州同位素 I-131 的数据

	I-132
0	Non-detect
1	Non-detect
2	Non-detect
3	Non-detect
4	Non-detect

图 1.14　带有 I-132 的 DataFrame

笔　记

.loc 过滤的输出结果是一个 Series，而不是一个 DataFrame。这取决于在 DataFrame 上完成的操作和选择，而不仅仅是由 .loc 引起的，因为 DataFrame 可以被理解为序列的 2D 组合，所以选择一列将返回一个序列。如果要进行选择并仍然返回 DataFrame，请使用"[[　]]"：
df[['I-132']].head()

3. 将函数作用于列

数据永远不会是"干净"的。在分析数据集之前，总是需要完成一些清理任务。数据清理中最常见的任务是将函数作用于列，并将值更改为更合适的值。在我们的示例数据集中，当没有测量集合时，将插入 **non-detect** 值。由于这列是一个数字列，对它的分析可能会比较复杂。我们可以在列上使用转换方法，将 **non-detect** 转换为 **numpy.NaN**，或者填充其他值，如平均值等，这会使得操作数值变得更容易。

如果要将一个函数应用于多个列，请使用 **applymap** 方法，其逻辑与 **apply** 方法相同。例如，从字符串中删除空格，我们可以使用 apply 和 applymap 函数来修复数据，还可以使用 axis 参数将函数应用于行，而不应用于列（0 表示行，1 表示列）。

测试 2：处理数据问题

在分析之前，我们需要检查数据是否有问题，当我们发现问题时（这是很常见的！），我们必须通过转换 DataFrame 来纠正这些问题。例如，将一个函数应用到列或整个 DataFrame 中，当读取 DataFrame 时，其中的某些数字通常无法正确转换为浮点数，这时我们可以通过应用函数解决这个问题。

1. 导入 Pandas 和 Numpy 库。
2. 读取美国环境保护局的 RadNet 数据集。
3. 在 RadNet 数据集中创建一个包含放射性核素的数字列的列表。
4. 使用 **apply** 方法，并使用 lambda 函数比较 **non-detect** 字符串。
5. 将一列中的文本值替换为 np.NaN。
6. 使用相同的 lambda 进行比较，在第一步中创建的列表，同时对多个列使用 applymap 方法。
7. 创建其余非数字列的列表。
8. 删除这些列中所有空格。
9. 使用选择和筛选方法，验证字符串列的名称没有多余的空格。

笔 记

> 该测试的解决方案可以在本书后面附录中找到。

列名中的空格可能是无关的，但会使选择和过滤更加复杂。当必须使用数据计算统计信息时，修复数字类型会对统计有所帮助。如果存在对数值列无效的值，例如数值列中的字符串，则统计操作将不起作用。当数据输入过程中出现错误时，操作员手动输入信息并出现错误时，以及将存储文件从一种格式转换为另一种格式，在列中留下不正确的值时，就会出现这种情况。

第1章
Python 数据科学堆栈

1.4 数据类型转换

数据清理中的另一个常见操作是正确获取数据类型，这会有助于检测无效的值并应用正确的操作。Pandas 中存储的数据主要类型如下：
- 浮点数 Float (float64, float32)；
- 整数 Integer (int64, int32)；
- 日期时间 Datetime (datetime64[ns, tz])；
- 时间增量 Timedelta (timedelta[ns])；
- 布尔 Bool；
- 对象 Object；
- 类别 Category。

数据类型可以由 Pandas 来设置、读取或推断。通常，如果 Panda 无法检测到列的数据类型，它会假定该列是将数据存储为字符串的对象。

为了将数据转换为正确的数据类型，我们可以使用转换函数，如 **to_datetime**、**to_numeric** 或 **astype**。类别类型（只能假定有限数量的选项的列）被编码为 category 类型。

练习 5：探索数据类型

使用 Pandas astype 函数将示例 DataFrame 中的数据类型转换为正确的类型，这里我们使用来自 https://opendata.socrata.com/ 的示例数据集。

1. 导入所需的库。

```
import numpy as np
import Pandas as pd
import matplotlib.pyplot as plt
import seaborn as sns
```

2. 从数据集中读取数据。

```
url = "https://opendata.socrata.com/api/views/cf4r-dfwe/rows.csv?accessType=DOWNLOAD"
df = pd.read_csv(url)
```

3. 使用 DataFrame 上的 dtypes 函数检测当前的数据类型：

```
df.dtypes
```

4. 使用 to_datetime 方法将日期从字符串格式转换为 datatime 格式。

```
df['Date Posted'] = pd.to_datetime(df['Date Posted'])
df['Date Collected'] = pd.to_datetime(df['Date Collected'])
columns = df.columns
id_cols = ['State', 'Location', "Date Posted", 'Date Collected', 'Sample Type', 'Unit']
columns = list(set(columns) - set(id_cols))
columns
```

输出结果如下：

```
['Co-60',
'Cs-136',
'I-131',
'Te-129',
'Ba-140',
'Cs-137',
'Cs-134',
'I-133',
'I-132',
'Te-132',
'Te-129m']
```

5. 使用 Lambda 函数。

```
df['Cs-134'] = df['Cs-134'].apply(lambda x: np.nan if x == "Non-detect" else x)
df.loc[:, columns] = df.loc[:, columns].applymap(lambda x: np.nan if x == 'Non-detect' else x)
df.loc[:, columns] = df.loc[:, columns].applymap(lambda x: np.nan if x == 'ND' else x)
```

6. 使用 to_numeric 方法应用在上一个测试中创建数字列表,将列转换为正确的数字类型。

```
for col in columns:
    df[col] = pd.to_numeric(df[col])
```

7. 再次检查这些列的类型。对于数字列,它们应该是 **float64**;对于日期列,它们应该是 **datatime64[ns]**。

```
df.dypes
```

8. 使用 astype 方法将非数字的列转换为 **category** 类型:

```
df['State'] = df['State'].astype('category')
df['Location'] = df['Location'].astype('category')
df['Unit'] = df['Unit'].astype('category')
df['Sample Type'] = df['Sample Type'].astype('category')
```

9. 使用 **dtype** 函数检查类型。

```
df.dtypes
```

此时,输出结果如图 1.15 所示:

```
State              category
Location           category
Date Posted        datetime64[ns]
Date Collected     datetime64[ns]
Sample Type        category
Unit               category
Ba-140             float64
Co-60              float64
Cs-134             float64
Cs-136             float64
Cs-137             float64
I-131              float64
I-132              float64
I-133              float64
Te-129             float64
Te-129m            float64
Te-132             float64
dtype: object
```

图 1.15 **DataFrame 及其类型**

现在，我们的数据集看起来完整了，所有值都正确地转换为正确的类型。但纠正这些数据只是数据分析的一部分。作为分析师，我们希望从不同的角度来理解这些数据。例如，我们可能想知道哪个地方的污染最严重，或者在城市中哪种放射性核素最少；我们可能会需要了解在数据集中存在的有效测量值的数量。所有这些问题都有共同的转换方法，包括将数据分组在一起并聚合几个值。对于 Pandas，这可以通过 GroupBy 来完成。下面我们学习如何通过键盘输入代码来使用它聚合数据的。

1.5 聚合和分组

在获得数据集后，我们的分析师可能不得不回答几个问题。例如，我们知道每个城市的放射性核素浓度的值，但分析师可能会被要求回答："通常，哪个地方的放射性核素浓度最高？"类似这样的问题。

为了回答所提出的问题，我们需要用某种方式对数据进行分组，并对其计算，聚合。但是在我们开始对数据进行分组之前，我们必须准备好数据集，以便能够对其进行操作。在 Pandas DataFrame 中获得正确的类型可以极大地提高操作性能，并且可以提高数据的一致性——它可确保数值数据实，并允许我们执行我们想要的操作。

在给定的 GroupBy 键入和聚合操作的情况下排列数据时，GroupBy 可使我们能够更全面地了解相关功能。在 Pandas 中，此操作是使用 GroupBy 方法在选定的列（例如 state）上完成的。请注意在 GroupBy 方法之后的聚合操作，可以应用的操作示例如下：

- **mean**
- **median**
- **std**（standard deviation）
- **mad**（mean absolute deviation）
- **sum**
- **count**

- **abs**

笔　记

> 有一些统计数据，如 **mean** 和 **standard deviation**，只对数值数据才有意义。

应用 GroupBy，可以选择一个特定的列对其使用聚合操作，或者可以通过相同的函数聚合所有剩余的列。与 SQL 一样，GroupBy 可以一次应用于多个列，并且可以将多个聚合操作应用于选定的列，每个列应用一个操作。

Pandas 中的 GroupBy 命令有一些选项，比如 **as_index**，其可以覆盖将分组键的列转换为索引，并将其保留为普通列。这在 GroupBy 操作之后创建新索引时，会很有帮助。

使用 agg 方法可以同时对多个列和不同的统计方法进行聚气操作，这会传递一个以列名称为 **key**、统计操作列表作为 **values** 的字典。

练习 6：数据聚合和分组

这里请记住，我们必须回答以下问题：哪个地方的平均放射性核素浓度最高。由于每个地方都包含几个城市，我们必须将一个地方的所有城市的值合并起来，并计算出平均值。这是 GroupBy 的应用之一：按分组计算一个变量的平均值。下面我们可以用 GroupBy 来回答这个问题。

1. 导入所需的库。

```
import numpy as np
import Pandas as pd
import matplotlib.pyplot as plt
import seaborn as sns
```

2. 从 https://opendata.socrata.com/ 中加载数据集。

```
df = pd.read_csv('RadNet_Laboratory_Analysis.csv')
```

3. 使用 State 列对数据框架进行分组。

```
df.groupby('State')
```

4. 选择放射性核素 Cs-134，并计算每组的平均值。

```
df.groupby('State')['Cs-134'].head()
```

5. 对所有列执行相同的操作，按每个状态分组，直接应用平均函数。

```
df.groupby('State').mean().head()
```

6. 使用分组列的列表，按多个列进行分组。

7. 使用 agg 方法对每个列使用多个操作进行聚合，使用 **State** 和 **Location** 列。

```
df.Groupby([State,Location]).agg({'Cs-134':['mean','std'],'Te-129':['min','max']})
```

NumPy 函数可以直接应用于 DataFrame，也可以通过 apply 和 applymap 方法应用于 DataFrame。其他 NumPy 函数，如 np.where，也可以作用于 DataFrame。

1.6 从 Pandas 导出数据

在 Pandas 中创建中间或最终数据集之后，我们可以将 DataFrame 中的值导出为其他几种格式。最常见的是 CSV，执行此操作的命令是 **df.to_csv**('**filename.csv**')。在这里也支持其他格式导出，如 Parquet 和 JSON。

笔 记

> 特别有趣，Parquet 是我们将在本书后面讨论的大数据格式。

练习 7：以不同格式导出数据

在完成数据分析后，我们可以保存已转换的数据集以及所有的修正，这样如果我们想共享这个数据集或重做分析，我们不必再次转换数据集。

第1章 Python 数据科学堆栈

我们也可以将分析作为一个更大的数据管道的一部分,甚至使用分析中准备好的数据作为机器学习算法的输入。我们可以用正确的格式将 DataFrame 导出到文件中。

1. 导入所有必需的库,并使用以下命令从数据集中读取数据。

```
import numpy as np
import Pandas as pd
url = "https://opendata.socrata.com/api/views/cf4r-dfwe/rows.csv?accessType=DOWNLOAD"
df = pd.read_csv(url)
```

重做 RadNet 数据中的数据类型(日期、数字和类别)的所有调整。类型应与练习 6:数据聚合和分组中的相同。

2. 选择数字列和分类列,为每个列创建一个列表。

```
columns = df.columns
id_cols = ['State', 'Location', "Date Posted", 'Date Collected', 'Sample Type', 'Unit']
columns = list(set(columns) - set(id_cols))
Columns
```

输出结果如图 1.16 所示:

```
['Cs-134',
 'Cs-136',
 'I-132',
 'Te-132',
 'Ba-140',
 'Te-129m',
 'Te-129',
 'I-133',
 'Cs-137',
 'Co-60',
 'I-131']
```

Apply the lambda replacing "Non-detect" by np.nan:

图 1.16 列的列表

3. 应用 lambda 函数,用 np.nan 替换 non-detect。

```
df['Cs-134'] = df['Cs-134'].apply(lambda x: np.nan if x == "Non-detect"
else x)
    df.loc[:, columns] = df.loc[:, columns].applymap(lambda x: np.nan if x ==
'Non-detect' else x)
    df.loc[:, columns] = df.loc[:, columns].applymap(lambda x: np.nan if x ==
'ND' else x)
```

4. 从分类列中删除空格。

```
df.loc[:, ['State', 'Location', 'Sample Type', 'Unit']] = df.loc[:, ['State',
'Location', 'Sample Type', 'Unit']].applymap(lambda x: x.strip())
```

5. 将日期列转换为日期时间格式。

```
df['Date Posted'] = pd.to_datetime(df['Date Posted'])
df['Date Collected'] = pd.to_datetime(df['Date Collected']).
```

6. 使用 to_numeric 方法将所有数字列转换为正确的数字格式。

```
for col in columns:
    df[col] = pd.to_numeric(df[col])
```

7. 将所有分类变量转换为 category 类型。

```
df['State'] = df['State'].astype('category')
df['Location'] = df['Location'].astype('category')
df['Unit'] = df['Unit'].astype('category')
df['Sample Type'] = df['Sample Type'].astype('category')
```

8. 用 **to_csv** 函数将转换后具有正确的值和列的 DataFrame 导出为 CSV 格式。使用 **index=False** 排除索引,使用分号作为分隔符:**sep=";"**,将数据编码为 UTF-8 格式:**encoding="utf-8"**。

```
df.to_csv('radiation_clean.csv', index=False, sep=';', encoding='utf-8')
```

9. 使用 **to_parquet** 方法将相同的 DataFrame 导出为 Parquet 和二进制格式。

```
df.to_parquet('radiation_clean.prq', index=False)
```

第 1 章
Python 数据科学堆栈

笔　记

> 将日期时间转换为字符串时要特别注意！

1.7　Pandas 可视化

　　Pandas 可以被认为是数据界的"瑞士军刀"，数据科学家在分析数据时总是需要做的一件事就是将这些数据可视化。本节将详细介绍 Pandas 可以应用于分析的绘图类型。目前，我们的想法是展示如何直接从 Pandas 上做快速，并且容易构建的图表。

　　Plot 函数可以直接从 DataFrame 选择中调用，可以快速实现可视化。散点图可以通过使用 Matplotlib 和将数据从 DataFrame 传递到绘图函数中来创建。现在，我们了解了这些工具，那么让我们重点关注用于数据操作的 Pandas 界面。这个接口功能非常强大，我们在本课程中看到的其他项目也可以复制它，比如 Spark。我们将在第 2 章中更详细地解释绘图组件和方法。

　　在第 2 章中，我们将学习如何创建对统计分析有用的图表。本书重点介绍 Pandas 创建图标的机制，以便进行快速可视化。

测试 3：用 Pandas 将数据绘制为图表

　　为了完成测试，让我们重做前面的步骤，并用其结果绘制图表，就像我们在初步分析中所做的那样。

　　1. 使用我们一直在使用的 RadNet DataFrame。

　　2. 和之前的操作一样，修复所有数据类型问题。

　　3. 使用过滤器对每个 Location 创建图表，选择 San Bernardino 和一个放射性核素，x 轴为日期，y 轴为放射性核素 I-131，如图 1.17 所示：

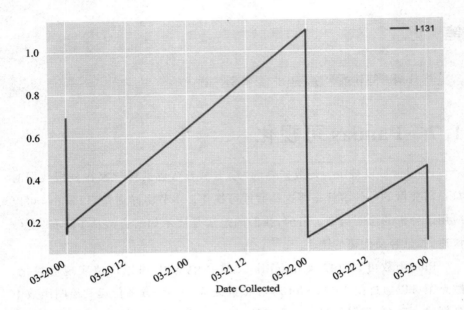

图 1.17　使用 I-131 的位置图

4. 创建一个包含两种有关联性的放射性核素，I-131 和 I-132 的浓度的散点图，如图 1.18 所示。

笔　记

这个测试的解决方案可以在附录中找到。

在介绍可视化方面，我们有点超前了，所以我们现在不需要担心图表的细节，或者如何定义标题、标签等。重要的是要理解为什么可以直接从 DataFrame 进行绘图，以进行快速分析和可视化。

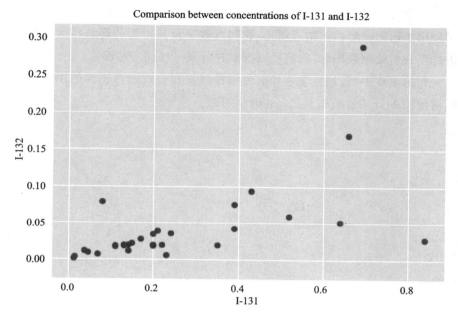

图 1.18　I131 和 I132 的散点图

1.8　总　　结

我们已经了解了数据分析和数据科学中最常用的 Python 库，它们构成了 Python 数据科学堆栈。本章我们学习了如何提取数据、选择数据、过滤数据和聚合数据。我们学习了如何导出分析结果，并生成一些快速图表。这些都是在任何数据分析中需要完成的操作。本章演示的思想和操作可以应用于大数据的数据操作。Spark 数据帧是在考虑 Pandas 接口的情况下创建的，在 Pandas 和 Spark 中以非常相似的方式执行了一些操作，这大大简化了分析过程。本节我们还了解了 Pandas 的另一大优点，即 Spark 可以将其数据帧转换为 Pandas 数据帧，然后再转换回来，这使得分析师能够使用最适合工具进行工作。

在学习大数据之前，我们还需要了解如何更好地可视化分析结果。如果使用正确的图形将数据可视化，我们对数据及其行为的理解将大大提高，由此当我们绘制数据时，我们可以推断并看到一些异常和模式。

在第2章中，我们将学习如何为每种数据和分析选择正确的图形，以及如何使用Matplotlib和Seaborn绘制图形。

第 2 章 统计数据可视化

学习目标

我们将通过理解 Python 操作和可视化数据来开始我们本章的学习,从而创建有用的分析。

学习本章内容,您将学会:

使用图表来进行数据分析;

创建各种类型的图形;

更改图形参数,如颜色、标题和轴;

导出图形,以便用于展示、打印和其他用途。

在本章中,我们将演示如何使用 Matplotlib 和 Seaborn 来生成可视化图形。

2.1 概 述

在第 1 章中,我们学习了利用 Python 从事数据科学工作中最常用的库。虽然它们本身不是大数据库,但 Python 数据科学堆栈的库(NumPy、Jupyter、IPython、Pandas 和 Matplotlib)对于大数据分析中十分重要。

正如我们将在本章中演示的,没有可视化,即使是大数据集,分析也是不完整的,所以知道如何从 Python 中的数据生成图像和图表对于我们分析大数据是有实际意义的。接下来,我们将演示如何使用 Python 工具处理大量数据,并将其聚合以使其可视化。

Python 有几个可视化库,如 Plotly、Bokeh 等。但 Matplotlib 是最古老、最灵活、最常用的一个库。在讨论使用 Matplotlib 创建图的细节之前,让我们先了解一下什么类型的图表与分析相关。

2.2 可视化图表

  每一个分析,无论是在小数据集还是在大数据集上,都涉及一个描述性统计步骤,其中数据要通过统计数据,如平均值、中位数、百分比和相关性来总结和描述。这一步通常是分析工作流程中的第一步,这将是对数据及其一般模式和行为进行初步理解,为分析人员制定假设提供依据,并指导分析下一步。图表是帮助完成这一步的强大工具,它使分析人员能够可视化数据,以及创建新的视图和概念,并将它们传达给更多的受众。

  关于可视化信息的统计学文献有很多。Edward Tufte 的经典著作 *Envisioning Information* 展示了如何以图表形式呈现信息。在另一本书 *The Visual Display of Quantitative Information* 中,Tufte 列举了用于分析和传输信息(包括统计数据)的图表应该具备的一些特性:

- 展示数据;
- 避免扭曲数据所表达的内容;
- 使大型数据集保持一致;
- 提供一个合理明确的目的——描述、探索、列表或装饰。

  图表必须揭示信息,在创建分析时,我们应该考虑根据这些原则创建图表。

  图表除应用于分析,还有其他优越特点。假设您正在编写一份内容丰富的分析报告。现在,我们需要为该分析创建一个摘要。为了使分析的要点清晰,可以使用图表来表示数据。该图应该能够支持摘要而无须进行全面的分析。为了使图表能够提供更多信息,并能够在摘要中脱颖而出,我们要向其添加更多信息,例如标题和标签。

练习 8:绘制一个分析函数图

  在本练习中,我们将使用 Matplotlib 库创建一个基本图,以此来可视化

第 2 章
统计数据可视化

具有两个变量的函数,例如,y＝f(x),其中 f(x) 是 x^2。

1. 创建一个新的 Jupyter Notebook,并导入所有所需的库。

```
% matplotlib inline
import Pandas as pd
import numpy as np
import matplotlib as mpl
import matplotlib.pyplot as plt
```

2. 生成一个数据集,并使用以下代码绘制它。

```
x = np.linspace(-50, 50, 100)
y = np.power(x, 2)
```

3. 通过 Matplotlib 使用以下命令创建一个基本图。

```
plt.plot(x, y)
```

输出结果如图 2.1 所示:

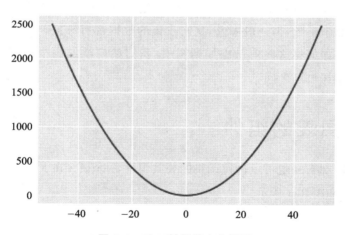

图 2.1　X、Y 轴的基本曲线图

4. 将数据生成函数从 x^2 修改为 x^3,保持时间区间[-50,50]相同,并重新创建曲线图。

输出结果如图 2.2 所示。

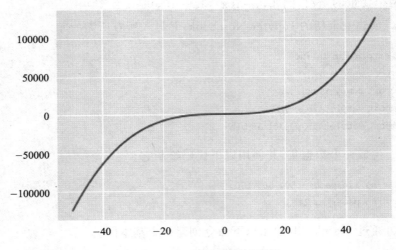

图 2.2 X、Y 轴的基本曲线图

如您所看到的,函数的形状按照预期发生了变化。我们使用基本类型的图就足以显示 y 值和 y_hat 值之间的变化。但仍存在一些问题,我们只绘制了一个数学函数,但一般来说,我们收集的数据都有维度,如长度、时间和质量。我们如何将这些信息添加到图中,我们如何添加一个标题?我们会在下一节中探讨这个问题。

2.3 图表的组件

每个图都有一组可以进行调整的公共组件,Matplotlib 用于描述这些组件的名称,如图 2.3 所示。

图表的组件如下所列。

Figure(图):图的基础,在其中绘制所有其他组件。

Axis(轴):包含图表元素,并设置坐标系。

Title(标题):标题给出图的名称。

X – axis label(x 轴标签):x 轴的名称,通常用单位来命名。

Y – axis label(y 轴标签):y 轴的名称,通常用单位来命名。

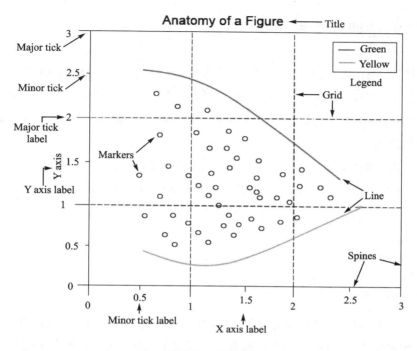

图 2.3 图的组件

Legend(图例):对图中绘制的数据的描述,让您能够识别图中的曲线和点。

Ticks and tick labels(标记和标记标签):它们是图表的比例尺上的参考点,表示数据的值。标签本身就表示数值。

Line plots(绘制线条):是指用数据绘制的线形图。

Markers(标记):用于标记点数据的象形图。

Spines(脊线):用于划定绘制数据的图表区域的线。

大家可以配置这些组件以适应可视化任务的需要。下面我们将详细介绍每种类型的图,以及如何像之前一样调整组件。

练习 9：创建一个图

使用 Matplotlib 创建一个图有许多种方法。第一种方法与 MATLAB 的操作方法密切相关,称为 Pyplot。Pyplot 是针对 Matplotlib 的基于状态的 API,这意味着它可以保留其配置和其他参数。一般,Pyplot 适合于比较简单的应用中。

下面我们执行以下步骤,使用 Matplotlib 库创建正弦函数的图。

1. 导入所有必须的库,正如我们在前面的练习中所做的那样。

```
% matplotlib inline
import Pandas as pd
import numpy as np
import matplotlib as mpl
import matplotlib.pyplot as plt
```

另一个 API 称为面向对象的 **API**,可应用于更复杂的图,其允许更多的灵活性和配置。访问此 API 的通常方法是使用 **plt. subplots** 模块创建一个图表和轴。

2. 为了获取一个 **fig** 图表和一个 **ax** 轴,使用以下命令。

```
fig, ax = plt.subplots( )
```

笔　记

该图是所有其他图表组件的顶部容器,包括轴的设置,如轴、坐标系等,以及绘图元素,如线、文本等更多内容。

3. 要将一个图表添加到使用面向对象 API 创建的图中,可使用以下命令。

```
x = np.linspace(0,100,500)
y = np.sin(2 * np.pi * x/100)
ax.plot(x, y)
```

输出结果如图 2.4 所示：

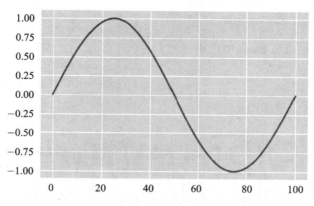

图 2.4 使用面向对象的 API 的绘图输出

我们先在属于 **fig** 图的 **ax** 轴上添加一条线，对图的更改，如标签名称、标题等，我们会在本章进行演示。现在，下面我们看看如何创建我们可能在分析中使用的每种图。

练习 10：为数学函数创建一个图

在练习 1：在绘制一个分析函数中，我们使用类似于 MATLAB 界面的 Pyplot 为一个数学函数创建一个图，我们知道了如何使用 Matplotlib 的面向对象的 API，那么让我们使用它来创建一个新的图。当使用面向对象的 API 时，无论数据源是什么，分析人员在创建图表方面都有很大的灵活性。

让我们使用面向对象的 API 和 NumPy 的 **sine** 函数创建一个区间在[0, 100]的函数图：

1. 为 x 轴创建数据点。

```
import numpy as np
x = np.linspace(0,100,200)
y = np.sin(x)
```

2. 为 Matplotlib 创建 API 界面。

```
% matplotlib inline
import matplotlib.pyplot as plt
fig, ax = plt.subplots()
```

3. 使用轴对象 **ax** 添加图表。

```
ax.plot(x, y)
```

上述输出结果如图 2.5 所示。

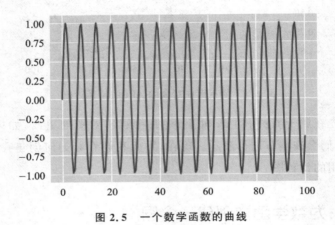

图 2.5　一个数学函数的曲线

注意，我们再次使用 **linspac**e 函数创建了[**0,100**]之间的线性区间，共 **200** 个点。然后，我们在这些值上应用 **sine** 函数来创建 **y** 轴，这是创建数据区间的一种常用方法。

2.4　Seaborn

Seaborn 属于 PyData 工具家族，它是一个基于 Matplotlib 的可视化库，使用它更容易地创建统计图。它可以直接对 DataFrame 和 Series 进行操作，并在内部进行聚合和映射。在 Seaborn 中，使用 color palettes(颜色调色板)和 styles(样式)使可视化视图一致，且更能表达信息。它也有可以计算一些统计数据的函数，比如回归函数、估计函数和误差函数。有一些专门的图，如小提琴图和多面图，也很方便用 Seaborn 来创建。

相比直接使用 Matplotlib，Seaborn 可更容易地创建一些常见的分析图。Matplotlib 有时被认为比 Seaborn 更低级，因为它更麻烦和冗长，但它可使分析师有更多灵活性的处理方法。注意，有些使用 Seaborn 通过一个函数调用就能创建的图，使用 Matplotlib 来实现却需要几行代码。

没有规定来约束分析人员应该是只使用 Pandas、使用 Matplotlib，还是直接使用 Seaborn，但分析人员应该记住可视化需求和创建所需图表所需的配置级。

Pandas 的绘图界面使用起来更容易，但其也更有限。Seaborn 有几种图形模式可供大家使用，包括常见的统计图，如成对图和箱线图，但这些图要求将数据格式化为一种整洁的格式，并且要对于图表的外观有要求。Matplotlib 是 Pandas 和 Seaborn 的基础，并且比这两者使用起来都更灵活，但是它需要更多的代码来创建可视化视图。

我们在这本书中的经验总结是：如何在不更改数据的情况下，用最少的代码来创建所需要的图表呢？考虑这一点，有时我们建议将这三个工具同时来使用，以更好实现我们的可视化目标。也就是说分析师们不应该只局限于其中一种选择。我们鼓励使用任何能够创建有意义的可视化的工具。

下面让我们来学习统计分析中最常用的图表类型。

2.5　图的类型

我们将展示的第一种图是折线图（**Line graph**）。折线图将数据显示在两个轴（x 和 y）上是一系列相互连接的点，通常是笛卡尔曲线，按 x 轴排列。折线图对于显示数据中的趋势很有用，例如，时间序列。

另一种与折线图相关的图是散点图（**Scatter plot**）。散点图将数据表示为笛卡尔坐标系中的点。通常在这个图中显示了两个变量，但是，如果数据是按颜色编码的或按类别进行大小编码的，则能够传递更多的信息。散点图有助于显示变量之间的关系和可能的相关性。

直方图（**Histogram**）对于表示数据分布很有用。与前面的两个例子不同的是，直方图只显示一个变量，通常在 x 轴上，而 y 轴显示数据出现的频率。创建直方图的过程比线形图和散点图更复杂一些，这里我们将详细解释更多的细节。

箱线图（**Boxplot**）也可以用于表示频率分布，它可以帮助我们使用一些统计测量值来比较数据组，如平均值、中位数和标准差。一般，箱线图被用于可视化数据分布和异常值。

每个图表类型都有它的应用，首先选择正确的类型对分析的成功至关重要，例如，折线图可以用来显示 20 世纪的经济增长趋势，但这很难用一个箱线图显示。其次，如要确定两个变量之间的相关性，需要理解两个变量是否表现出相关的行为，通常使用散点图作为可视化工具。直方图对于可视化一个范围内的数据点数很有用，例如，显示每段路程中行驶汽车的数量。

2.5.1 折线图（Line graph）

如本章前一节所述，折线图是用一条线将数据点连接起来的。折线图对于展示趋势和走向很有用。在同一图上，可以使用多条线比较每一条线的走向，但必须注意图上的单位是相同的。折线图还可以证明自变量和因变量之间的关系，常见的情况如时间序列。

顾名思义，时间序列图是指绘制数据关于时间的行为。时间序列图经常被用于金融领域和环境科学领域。例如，温度异常值的历史序列，如图 2.6 所示：

通常，一个时间序列图的 x 轴为时间变量。

练习 11：使用不同的库创建折线图

让我们比较一下 Matplotlib，Pandas 和 Seaborn 之间创建折线图的创建过程。下面我们创建一个带有随机值的 Pandas DataFrame，并使用多种方法进行绘制：

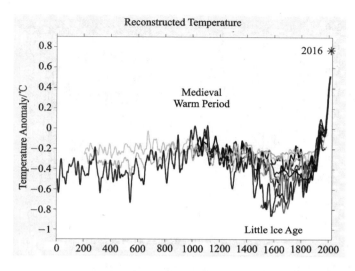

图 2.6 时间序列图

1. 创建具有随机值的数据集。

```
import numpy as np
X = np.arange(0,100)
Y = np.random.randint(0,200, size=X.shape[0])
```

2. 使用 Matplotlib PyPlot 界面绘制数据。

```
% matplotlib inline
import matplotlib.pyplot as plt
plt.plot(X, Y)
```

3. 创建一个具有已创建的值的 Pandas DataFrame。

```
import Pandas as pd
df = pd.DataFrame({'x':X, 'y_col':Y})
```

4. 使用 Pyplot 界面绘制它,但使用 **data** 参数。

```
plt.plot('x', 'y_col', data=df)
```

输出结果如图 2.7 所示:

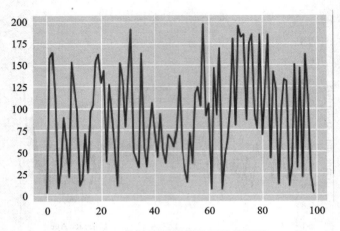

图 2.7　使用不同的库绘制的线形图

5. 使用相同的 DataFrame，我们也可以直接从 Pandas DataFrame 中绘制图表。

```
df.plot('x', 'y_col')
```

输出结果如图 2.8 所示：

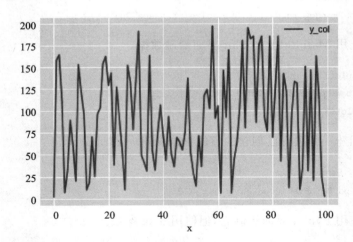

图 2.8　来自 Pandas DataFrame 的折线图

6. 用 Seaborn 创建相同的折线图。

```
import seaborn as sns
sns.lineplot(X, Y)
sns.lineplot('x', 'y_col', data = df)
```

输出结果如图 2.9 所示：

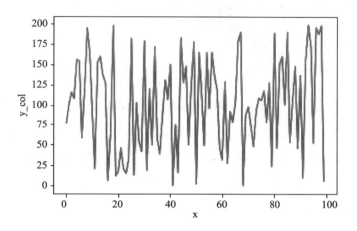

图 2.9　来自 Seaborn DataFrame 的折形图

我们可以看到，在这种情况下，Matplotlib 和 Seaborn 使用的界面非常相似。

2.5.2　散点图（Scatter plot）

为了理解两个变量之间的相关性，通常使用散点图，因为它们可以让我们看到点的分布。使用 Matplotlib 创建散点图类似于创建折线图，但我们没有使用 **plot** 方法，而是使用 **scatter** 方法。

让我们来看一个使用 Auto – MPG 数据集的示例。

```
fig, ax = plt.subplots()
ax.scatter(x = df['horsepower'], y = df['weight'])
```

数据集图形如图 2.10 所示：

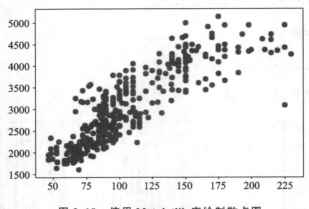

图 2.10 使用 Matplotlib 库绘制散点图

请注意,我们直接从轴上调用了 scatter 方法。如果用 Matplotlib 来表示,就是我们在 **fig** 图中的 **ax** 轴上添加了一个散点图。我们还可以非常容易地使用 Seaborn 添加更多的维度,如颜色和点的大小,如图 2.11 所示:

```
import seaborn as sns
sns.scatterplot(data = df, x = 'horsepower', y = 'weight', hue = 'cylinders',
size = 'mpg')
```

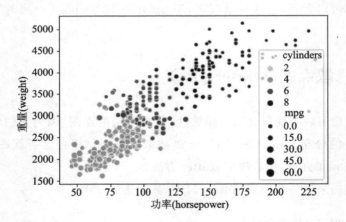

图 2.11 使用 SeaBorn 库的散点图

第 2 章
统计数据可视化

正如我们所看到的,散点图对于理解两个变量或者更多变量之间的关系非常有帮助。例如,我们可以推断,功率和重量之间存在正相关关系。我们也可以很容易地看到散点图中的异常值,而使用其他类型的图时可能会更加复杂。我们在折线图上看到的分组数据和 Pandas DataFrame 的相同原则也适用于散点图。

我们可以使用 **kind** 参数直接从 Pandas 中生成一个散点图:

df.plot(kind = 'scatter', x = 'horsepower', y = 'weight')

创建一个图,并将其传递给 Pandas:

fig, ax = plt.subplots( )
df.plot(kind = 'scatter', x = 'horsepower', y = 'weight', ax = ax)

测试 4:使用散点图理解变量之间的关系

为了继续我们的数据分析并学习如何绘制数据,让我们来看看散点图可以提供帮助的情况。例如,让我们使用一个散点图回答以下问题:

功率和重量之间有关系吗?

为了回答这个问题,我们需要使用来自 Auto – MPG 的数据创建一个散点图:

1. 使用已经获取的 Auto – MPG 数据集。

笔　记

关于如何获取数据集,请参考本书前面的练习。

2. 使用 Matplotlib 的面向对象的 API。

% matplotlib inline
import matplotlib.pyplot as plt
fig, ax = plt.subplots()

47

3. 使用 Scatter 方法创建一个散点图。

```
ax.scatter(x = df['horsepower'], y = df['weight'])
```

笔 记

> 这个测试的解决方案可以在本书附录中找到。

利用散点图，我们可以确定功率和重量之间的大致线性关系，其中一些异常值具有较高的功率和较低的重量，这是一种可以帮助分析师解释数据行为的图。

2.5.3 直方图(Histogram)

直方图与我们之前看到的图有点不同，因为它只是试图可视化一个变量的分布，而不是两个或更多个变量。直方图的目标是可视化一个变量的概率分布，或者说，直方图是计算被分成固定间隔或矩形的某些值的出现次数。

这些矩形是连续且相邻的，其大小相同是最为常见的形式，但并不是必需的。

与任何固定的一般规则相比，矩形数量和矩形大小的选择更多地依赖于数据和分析目标。矩形的数量越大，每个矩形越窄，反之亦然。例如，当数据有很多噪声或变化时，少量的矩形（含一个大矩形）将显示出数据的总体轮廓，减少第一次分析中噪声的影响。当数据密度较高时，更多数量的矩形则更有用。

练习 12：创建功率分布的直方图

当我们努力了解这些数据时，我们希望看到所有汽车的功率分布。例如：功率变量最常见的值是什么？是分布在中心还是有尾部？让我们绘制一个功率分布的直方图：

1. 将所需的库导入到 Jupyter Notebook 中，并从 Auto－MPG 数据集存储库中读取数据集。

```
import Pandas as pd
import numpy as np
import matplotlib as mpl
import matplotlib.pyplot as plt
import seaborn as sns
url = " https://archive.ics.uci.edu/ml/machine - learning - atabases/auto - mpg/
auto - mpg.data"
df = pd.read_csv(url)
```

2. 提供列名以简化数据集，如下所示。

```
column_names = ['mpg', 'Cylinders', 'displacement', 'horsepower',
'weight', 'acceleration', 'year', 'origin', 'name']
```

3. 现在，读取带有列名的新数据集，并显示。

```
df = pd.read_csv(url, names = column_names, elim_whitespace = True)
df.head( )
```

绘图如图 2.12 所示：

	mpg	cylinders	displacement	horsepower	weight	acceleration	year	origin	name
0	18.0	8	307.0	130.0	3504.0	12.0	70	1	chevrolet chevelle malibu
1	15.0	8	350.0	165.0	3693.0	11.5	70	1	buick skylark 320
2	18.0	8	318.0	150.0	3436.0	11.0	70	1	plymouth satellite
3	16.0	8	304.0	150.0	3433.0	12.0	70	1	amc rebel sst
4	17.0	8	302.0	140.0	3449.0	10.5	70	1	ford torino

图 2.12　自动数据集

4. 使用以下命令将 horsepower 和 year 的数据类型转换为浮点数和整数。

```
df.loc[df.horsepower == '?', 'horsepower'] = np.nan
```

```
df['horsepower'] = pd.to_numeric(df['horsepower'])
df['full_date'] = pd.to_datetime(df.year, format = '%y')
df['year'] = df['full_date'].dt.year
```

5. 使用 **plot** 函数和 **kind**＝'**hist**'直接从 Pandas DataFrame 创建一个图表,如图 2.13 所示。

```
df.horsepower.plot(kind = 'hist')
```

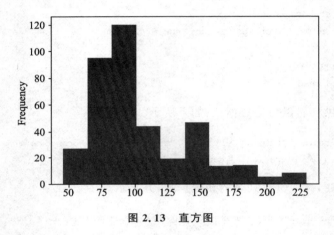

图 2.13　直方图

6. 确定功率(**horsepower**)的集中区域,如图 2.14 所示。

```
sns.distplot(df['weight'])
```

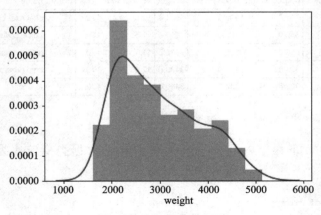

图 2.14　直方图浓度图

我们可以在图中看到,值的分布向左倾斜,例如,功率指标小的汽车比功率指标大的汽车更多。这对于理解分析中某些数据的变化非常有用。

2.5.4 箱线图(Boxplot)

箱线图常被用于观察值的变化,但是,是在每个列中。例如,当我们想要查看按其他变量分组时值的比较情况,由于它们的格式,箱线图有时也被称为盒须图、箱形图,因为线从主盒子中垂直延伸出来,如图 2.15 所示:

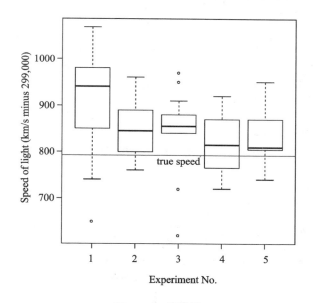

图 2.15　箱线图

箱线图使用四分位数(第一个和第三个)来创建箱子和触须。箱子中间的线是第二个四分位数——中位数。触须的定义可以有所不同,比如在数据的平均值上下取一个标准差,但通常取箱子两端边的四分位数范围(Q3～Q1)的 1.5 倍。任何超过这些值的数据,无论是在箱子上面还是下面,都被绘制成一个点,通常被认为是一个异常值。

练习13：使用箱线图分析气缸数量和功率的行为

有时，我们不仅希望看到每个变量的分布，而且还希望看到感兴趣的变量相对于另一个属性的变化。例如，我们想知道，功率是如何根据气缸的数量变化的。下面我们用 Seaborn 创建一个箱线图，比较功率分布和气缸的数量：

1. 将所需的库导入到 Jupyter Notebook 中，并从 Auto–MPG 数据集存储中读取数据集。

```
% matplotlib inline
import Pandas as pd
import numpy as np
import matplotlib as mpl
import matplotlib.pyplot as plt
import seaborn as sns
url = " https://archive.ics.uci.edu/ml/machine-learning-atabases/auto-mpg/
auto-mpg.data"
df = pd.read_csv(url)
```

2. 提供列名以简化数据集，如下所示。

```
column_names = ['mpg', 'Cylinders', 'displacement', 'horsepower', 'weight', 'acceleration', 'year', 'origin', 'name']
```

3. 现在，读取带有列名的新数据集并显示。

```
df = pd.read_csv(url, names = column_names, elim_whitespace = True)
df.head()
```

绘图如图 2.16 所示：

4. 使用以下命令将 horsepower 和 year 的数据类型转换为浮点数和整数。

```
df.loc[df.horsepower == '? ', 'horsepower'] = np.nan
```

	mpg	cylinders	displacement	horsepower	weight	acceleration	year	origin	name
0	18.0	8	307.0	130.0	3504.0	12.0	70	1	chevrolet chevelle malibu
1	15.0	8	350.0	165.0	3693.0	11.5	70	1	buick skylark 320
2	18.0	8	318.0	150.0	3436.0	11.0	70	1	plymouth satellite
3	16.0	8	304.0	150.0	3433.0	12.0	70	1	amc rebel sst
4	17.0	8	302.0	140.0	3449.0	10.5	70	1	ford torino

图 2.16　自动数据集

```
df['horsepower'] = pd.to_numeric(df['horsepower'])
df['full_date'] = pd.to_datetime(df.year, format = '%y')
df['year'] = df['full_date'].dt.year
```

5. 使用 SeaBorn 的 boxplot 函数创建一个箱线图,如图 2.17 所示。

```
sns.boxplot(data = df, x = "cylinders", y = "horsepower")
```

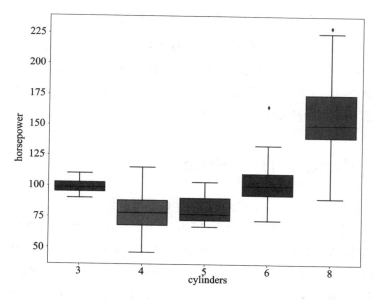

图 2.17　使用 SeaBorn 的 boxplot 函数的箱线图

6. 现在,为了便于比较,直接使用 Pandas 创建相同的箱线图,如图 2.18 所示。

```
df.boxplot(column = 'horsepower', by = 'cylinders')
```

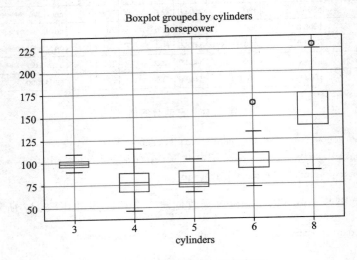

图 2.18　使用 Pandas 的箱线图

在分析方面,我们可以看到,3 个气缸的功率变化范围小于 8 个气缸的功率变化范围。我们还可以看到第 6 个和第 8 个气缸的数据中有异常值。对于绘图,Seaborn 的函数功能更完整,其可为不同数量的气缸自动显示不同的颜色,并将 DataFrame 列的名称作为图中的标签。

2.6　Pandas DataFrame

正如我们在第 1 章中了解到的,当分析数据并使用 Pandas 时,我们可以用 Pandas 的 plot 函数或直接使用 Matplotlib。Pandas 在后台使用了 Matplotlib,这种结合非常好。根据具体情况,我们可以直接从 Pandas 中绘制图表,也可以用 Matplotlib 创建一个图和一个轴,并将其传递给 Pandas 来绘制。例如,在执行 GroupBy 时,我们可以将数据拆分为 GroupBy 键。但是我们如何绘制 GroupBy 的结果呢? 有几种方法可以供我们使用。例如,如果 DataFrame 已经是正确的格式,我们可以直接使用 Pandas:

提 示

下面的代码示例将不会被执行。

```
fig, ax = plt.subplots()
df = pd.read_csv('data/dow_jones_index.data')
df[df.stock.isin(['MSFT', 'GE', 'PG'])].groupby('stock')['volume'].
plot(ax = ax)
```

或者,我们可以在同一个图上绘制每个 GoupBy 键。

```
fig, ax = plt.subplots( )
df.groupby('stock').volume.plot(ax = ax)
```

对于下面的测试,我们将使用在第 1 章中学到的内容,从一个 URL 中读取一个 CSV 文件并解析它。该数据集是 Auto – MPG dataset（https://raw.githubusercontent.com/TrainingByPackt/Big – Data – Analysis – with – Python/master/Lesson02/Dataset/auto – mpg.data）。

笔 记

此数据集是 StatLib 库中提供的数据集的修改版本。原始数据集可在 auto – mpg.data – original 文件中获取。

该数据涉及城市运行消耗的燃料量,包括 3 个多值离散和 5 个连续的属性。

测试 5:使用面向对象的 API 和 Pandas DataFrame 的折线图

在这个测试中,我们将从 Auto – MPG 数据集中创建一个时间序列折线图作为使用 Pandas 和面向对象的 API 进行绘图的第一个示例。这种图在分析中很常见,这种分析有助于回答诸如"平均功率是随时间增加还是减少"这类问题。

现在,按照以下步骤使用 Pandas 和面向对象的 API 绘制每年平均功率的示例图:

1. 将所需的库和包导入 Jupyter Notebook。
2. 将 Auto-MPG 数据集读入到 Spark 对象中。
3. 提供列名以简化数据集,如下所示。

```
column_names = ['mpg', 'cylinders', 'displacement', 'horsepower',
'weight', 'acceleration', 'year', 'origin', 'name']
```

4. 读取具有列名的新数据集,并显示它。
5. 将功率和年份数据的类型转换为浮点数和整数。
6. 用 Pandas 绘制每年平均功率的图,如图 2-19 所示:

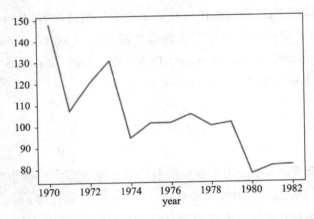

图 2.19 使用面向对象的 API 和 Pandas DataFrame 的折线图

笔 记

这个测试的解决方案可以在附录中找到。

请注意,我们使用的是来自 Pandas 的 plot 函数,但 plot 函数传递了我们用 Matplotlib 直接创建的轴,并将其作为参数。正如我们在第 1 章中所学习的,这并不是必须的,但它会允许我们在 Pandas 外部配置图像,并在之后更改其配置。同样的,此操作也可以应用于其他类型的图。下面让我们来学习处理散点图。

2.7 修改图的组件

到目前,我们已经见过了用于分析的主要图表,无论是直接分析还是分组分析,都是为了方便比较和趋势的可视化。但我们可以看到一点,每个图的设计都是不同于其他图的,我们没有一些基本一样的可参考的东西,如标题和图例。

我们已经了解到,通常,一个图是由几个组件构成的,比如图的标题、x 和 y 轴的标签等。当使用 Seaborn 时,图已经有图 x 和 y 标签,并带有列的名称,而使用 Matplotlib 时,没有标签和名称等。即这些变化不仅是表面上的变化。

除了标签和标题,当我们调整线宽、颜色和点的大小等时,可以很大程度上提高我们对图表的理解。图表必须能够独立表达内容,因此标题、图例和单位是很重要的。那么我们如何应用我们前面描述的概念,在 Matplotlib 和 Seaborn 上制作良好的、信息丰富的图呢?

配置图的方法可能有很多种。Matplotlib 在配置方面功能强大,但会比较复杂。使用 Matplotlib 更改图表中的一些基本参数会很麻烦,Seaborn 和其他库可以弥补此缺陷。但在某些情况下,例如,在自定义图中,有缺陷是正常的,因此在堆栈的某个地方拥有这个容量是必要的。我们将在本节中重点关注如何更改一些基本的绘图参数。

2.7.1 配置轴对象的标题和标签

正如我们之前所说的,Matplotlib 面向对象的 API 提供了更大的灵活性。让我们在下面的练习中探索如何配置轴对象上的标题和标签。

练习 14：配置轴对象的标题和标签

执行以下步骤可配置轴对象的标题和标签。我们将继续进行前面的练习，并遵循以下步骤。

1. 通过调用 set 方法来设置标题、x 轴标签和 y 轴标签。

```
import matplotlib.pyplot as plt
fig, ax = plt.subplots()
ax.set(title = "Graph title", xlabel = "Label of x axis (units)",
ylabel = "Label of y axis (units)")
ax.plot()
```

绘制的图形如图 2.20 所示。

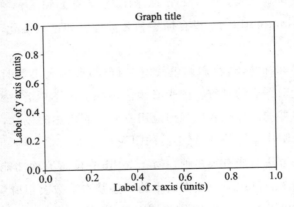

图 2.20　调整标题和标签

2. 当只使用 Matplotlib 时，图例可以从外部传递，也可以在 Pandas 绘图上设置图例，并用轴绘制。使用以下命令来绘制图例。

```
fig, ax = plt.subplots()
df.groupby('year')['horsepower'].mean().plot(ax = ax, label = 'horsepower')
ax.legend()
```

绘制的图形如图 2.21 所示。

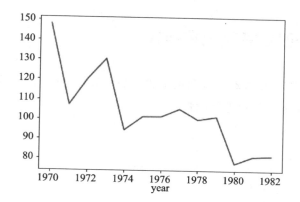

图 2.21 带有图例的折线图

3. 绘制图形的另一种方法如下。

fig, ax = plt.subplots()
df.groupby('year')['horsepower'].mean().plot(ax = ax)
ax.legend(['horsepower'])

绘制的图形如图 2.22 所示。

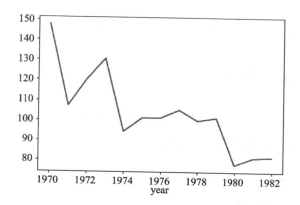

图 2.22 带有图例的折线图(另一种方法)

2.7.2 修改线条颜色和样式

对于折线图(图 2.23),线条的颜色、权重、标记和样式可以通过"ls""lw" "marker"和"color"参数进行配置。

```
df.groupby('year')['horsepower'].mean().plot(ls='-.', color='r', lw=3)
```

图 2.23 带有颜色和样式的折线图

2.7.3 修改图的大小

我们还可以配置图的大小。"figsize"参数可以作为一个元组(x 轴、y 轴)传递给所有绘图函数,其大小单位为英寸。

```
df.plot(kind='scatter', x='weight', y='horsepower', figsize=(20,10))
```

修改后的图形如图 2.24 所示。

练习 15:使用 Matplotlib 样式表

Matplotlib 有一些样式表,定义了图的一般规则,如 **background**(背景)、

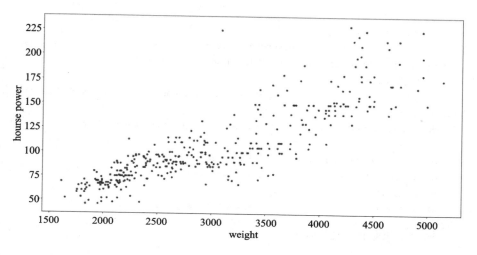

图 2.24　更大的绘图尺寸

color(颜色)、tick(刻度)、graph colors(图表颜色)和 palettes(调色板)。假设我们想改变样式,这样我们的图表打印出来就能有更好的颜色。要实现这一点,请遵循以下步骤:

1. 我们首先使用以下命令打印可用样式的列表。

```
import matplotlib.pyplot as plt
print(plt.style.available)
```

输出结果如下。

['bmh', 'classic', 'dark_background', 'fast', 'fivethirtyeight', 'ggplot', 'grayscale', 'seaborn-bright', 'seaborn-colorblind', 'seaborndark-palette', 'seaborn-dark', 'seaborn-darkgrid', 'seaborn-deep', 'seaborn-muted', 'seaborn-Notebook', 'seaborn-paper', 'seaborn-pastel', 'seaborn-poster', 'seaborn-talk', 'seaborn-ticks', 'seaborn-white', 'seaborn-whitegrid', 'seaborn', 'Solarize_Light2', 'tableau-colorblind10','_classic_test']

2. 现在,让我们创建一个以 classic 为样式的散点图。确保我们首先导入 Matplotlib 库,然后再继续。

```
% matplotlib inline
```

```python
import numpy as np
import matplotlib.pyplot as plt
url = ('https://raw.githubusercontent.com/TrainingByPackt/Big-Data-Analysis-with-Python/master/Lesson02/Dataset/auto-pg.data')
df = pd.read_csv(url)
column_names = ['mpg', 'cylinders', 'displacement', 'horsepower', 'weight', 'acceleration', 'year', 'origin', 'name']
df = pd.read_csv(url, names = column_names, delim_whitespace = True)

df.loc[df.horsepower == '?', 'horsepower'] = np.nan
df['horsepower'] = pd.to_numeric(df['horsepower'])
plt.style.use(['classic'])
df.plot(kind = 'scatter', x = 'weight', y = 'horsepower')
```

输出结果如图 2.25 所示。

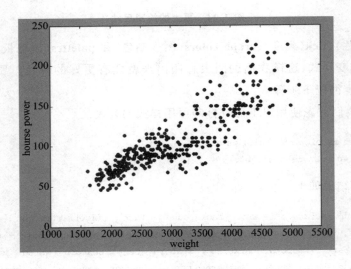

图 2.25　以 classic 为样式的散点图

笔　记

若要使用样式表，请使用以下命令：

plt.style.use('presentation')

Seaborn 在导入时所做的更改之一是在可用样式列表中添加一些样式。样式在为不同的受众创建图像时也很有用,例如,一种样式用于在笔记本中的可视化,另一种样式用于在演示中的打印或显示。

2.8 导出图像

在生成可视化图,并配置详细信息之后,我们可以将图像导出为硬拷贝格式,如 PNG、JPEG 或 SVG。如果我们在笔记本中使用交互式 API,那么我们可以在 **pyplot** 界面上调用**"savefig"**函数,将最后生成的图像导出到文件中。

```
df.plot(kind = 'scatter', x = 'weight', y = 'horsepower', fi gsize = (20,10))
plt.savefi g('horsepower_weight_scatter.png')
```

导出图像如图 2.26 所示。

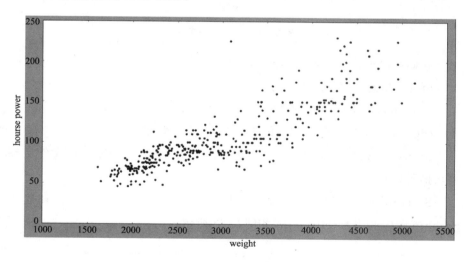

图 2.26 导出图像

所有的绘图配置都能被实施到 **plot** 中。要在使用面向对象 API 时导出一个图,如图 2.27 所示,我们可以从图中调用"savefig"。

```
fig, ax = plt.subplots()
df.plot(kind = 'scatter',x = 'weight',y = 'horsepower',figsize = (20,10),ax = ax)
fig.savefi g('horsepower_weight_scatter.jpg')
```

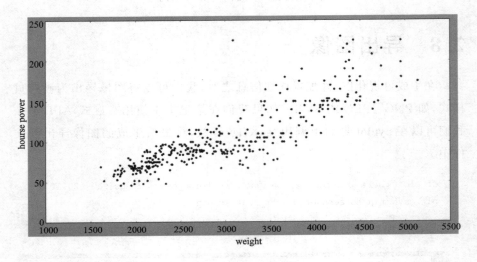

图 2.27　正在保存图像

我们可以更改已保存的图像的参数。

dpi：调整已保存的图像的分辨率。

facecolor（面部颜色）：图像的面部颜色。

edgecolor（边缘颜色）：图表的边缘颜色，围绕着图表。

format（格式）：通常是 PNG、PDF、PS、EPS、JPG 或 SVG。从文件名扩展名推可以断出。

Seaborn 还会使用相同的底层 Matplotlib 机制来保存图像。直接从 Seaborn 图中调用 **savefig** 方法，如图 2.28 所示。

```
sns_scatter = sns.scatterplot(data = df, x = 'horsepower', y = 'weight',
    hue = 'cylinders', size = 'mpg')
plt.savefig('scatter_fig.png', dpi = 300)
```

有了这些补充的选项，无论是在笔记本、网站、还是在印刷品上，分析师就能够为不同的受众生成可视化图形。

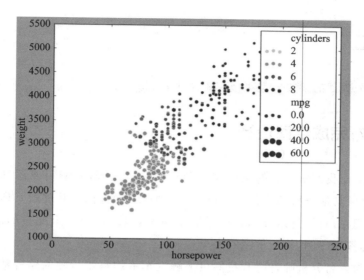

图 2.28 使用保存方法进行绘图

测试 6：将图保存到磁盘上的文件中

将我们的工作保存到一个文件中是实现在不同媒体中共享结果的好方法。如果我们想保留文件以备将来参考，它也会有帮助。让我们创建一个图，并将其保存到磁盘上。

1. 获取 Auto-MPG 数据集。

2. 使用 Matplotlib 面向对象的 API 创建任意类型的图。例如，这里使用一个关于重量的直方图。

```
% matplotlib inline
import matplotlib.pyplot
fig, ax = plt.subplots()
df.weight.plot(kind='hist', ax=ax)
```

3. 使用"**savefig**"函数将图导到一个 PNG 文件中。

```
fig.savefig('weight_hist.png')
```

笔 记

> 这个测试的解决方案可以在附录中找到。

测试 7：完成绘图设计

为了使我们所绘制的图能够从分析中分离出来,我们需要添加更多的信息,以便其他分析师或其他用户能够掌握图表的内容,并理解其所表示的内容。现在,我们将结合本章中学到的所有内容,创建一个完整的图,包括标题、标签和图例,并调整图的大小。

作为一名分析师,例如,我们想了解汽车平均每年行驶的路程数是否会增加,而且我们想按气缸的数量对汽车进行分组。再例如,三缸汽车会消耗多少燃料?它比四缸汽车的燃料消耗量多还是少?

可以按照以下步骤创建我们最终的数据分析图。

1. 获取 Auto-MPG 数据集。
2. 对 **year**(年份)和 **cylinders**(气缸)执行 **groupby** 操作,并取消将它们作为索引使用的选项。
3. 计算分组间每单位内汽油的平均行驶里程数,并将年份设为指数。
4. 设置年份为 DataFrame 索引。
5. 使用面向对象的 API 创建图和轴。
6. 按气缸对 **df_g** 数据集执行 **groupby** 操作,并使用大小为(10,8)的坐标轴绘制每一定燃油量内行驶里程的变量。
7. 在坐标轴上设置标题、x 标签和 y 标签。
8. 在绘图中设置图例。
9. 将图像保存到磁盘上,为 PNG 文件。

第 2 章
统计数据可视化

笔 记

本章这个测试的解决方案可以在本书附录中找到。

我们可以推断出，四缸的汽车比八缸的汽车使用起来更经济。我们还可以推断，在研究期间，所有的汽车都提高了燃油效率，在 1980~1982 年期间，汽车发动机缸数减少了四缸。

笔 记

请注意，使用标签轴和图例可以使用 Pandas 完成的复杂转换（分组和平均，然后设置索引）很容易在最终结果中解释。

2.9 总 结

在本章中，我们已经了解了在分析数据时创建有意义和有趣的可视化图形的重要性。良好的数据可视化可以极大地帮助分析师的工作，以一种能够更大程度上接触受众的方式来表示数据，并表达那些可能难以用为文字或用表格表示的概念。

对于图，要想将其作为一个有效的数据可视化工具，必须使其很好地显示数据、避免扭曲、便于大家理解大型数据集，并要有明确的描述或探索。图的主要功用是方便交流数据，因此分析人员在创建图时必须记住这一点。一个有用的图比一个只是好看的图更可取。

至此，我们演示了一些在分析中常用的图：折线图、散点图、直方图和箱线图。根据数据和目标，每个图都有其应用目的。我们还展示了如何直接从 Matplotlib、Pandas 或两者的组合中创建图表，并使用了 Matplotlib 的 API——Pyplot、交互式 API 和面向对象的 API。本章结束时，我们解释完了更改图表外观的选项，从线的样式到标记和颜色，以及如何将图表保存为打印或共享的文件的格式等内容。

  其实,还有非常多的方法可以用于配置图,但我们在这里没有介绍其他方法。可视化是一个很大的领域,相对应的工具也有很多。

  在接下来的内容中,我们将重点学习如何进行数据处理,包括使用 Hadoop 和 Spark 对大规模数据进行处理。在学习了本章中这些有关工具的知识后,我们将接着再介绍分析过程,包括对不同形式的图的分析。

第 3 章 使用大数据框架

学习目标

学习本章，您将能够学会：

理解 HDFS 和 YARN Hadoop 组件；

使用 HDFS 执行 file 操作；

比较 Pandas 的 DataFrame 和 Spark 的 DataFrame；

使用 Spark 从本地文件系统和 HDFS 中读取文件；

通过 Spark 以 Parquet 格式编写文件；

以 Parquet 格式编写分区文件，以便于快速分析；

使用 Spark 处理非结构化数据；

在本章中，我们将学习诸如 Hadoop 和 Spark 等大数据工具的相关知识。

3.1 概　述

在前面的章节中，我们介绍了如何使用 Pandas 和 Matplotlib 进行数据可视化，以及 Python 数据科学堆栈中的其他用来处理数据的工具。到目前，我们所使用的数据集都相对较小，而且结构也相对简单。现实生活中的数据集可能比单个机器的内存还要大，处理这些数据集的时间可能很长，而且通常的软件工具可能无法处理。大数据的常规指的是不适合放在内存或不能用通用的软件方法在合理的时间内处理或分析的数据量。同一数据对一些人来说可能是大数据，但对另一些人来说可能不是大数据，对数据的定义可能会依据个人情况而有所不同。

大数据还与3V(后来扩展到4V)有关：

Volume：顾名思义，大数据通常与大量的数据有关。对"大量"的定义取决于环境：对于一个系统，千兆字节可能很大，而对于另一个系统，pb量级的数据才算很大。

Variety：通常，大数据与不同的数据格式和类型相关联，如文本、视频和音频。数据可以是结构化的，比如关系表，也可以是非结构化的，比如文本和视频。

Velocity：数据生成和存储的速度比其他系统更快，并且生成的连续性更高。流数据可以由电信运营商、网店，甚至是社交等平台生成。

Veracity：这个特征是后来添加的，其试图向我们表明正在使用的数据及其含义在任何分析工作中都很重要。我们要检查数据是否与我们期望的数据一致，转换过程是否改变了数据，以及它是否反映了收集的内容。

处理大数据最重要的是分析组件，即对大数据集进行分析和信息提取。本章将介绍：如何使用两种最常见和最通用的大数据框架：Hadoop和Spark来处理、存储和分析大型数据集。

3.2 Hadoop

Apache Hadoop是用来并行存储和计算大量数据的软件组件。随着它的推出，更多的高端计算机开始在Hadoop集群上使用它，尽管商品硬件仍然应用较多。

我们所说的并行存储，指的是任何使用由网络互连的几个节点以并行方式存储和检索存储数据的系统。

Hadoop由以下几个部分组成：

Hadoop common：Hadoop的基本公共项；

Hadoop YARN：资源和作业管理器；

Hadoop MapReduce：大规模的并行处理引擎。

Hadoop Distributed File System(HDFS)：顾名思义，HDFS是一个文件

系统，其可以使用本地磁盘分布在多个机器上，以创建一个大型存储池，如图 3.1 所示：

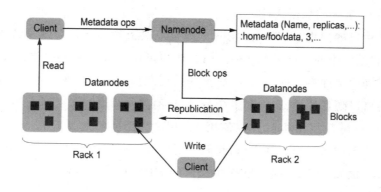

图 3.1　HDFS 的数据结构

另一个重要的组件是 YARN（Yet Another Resource Negotiator），它是 **Hadoop** 的资源管理器和工作调度器。它负责管理提交到 Hadoop 集群的操作，根据所需和可用的资源分配内存和 CPU。

Hadoop 推广了一种名为 MapReduce 的并行计算模型，这是一种由谷歌首次开发的分布式计算范式。大家可以直接在 Hadoop 中使用 MapReduce 运行程序。但是自 Hadoop 创建时，其他的并行计算范式和框架（如 Spark）已经开发出来了，因此 MapReduce 并不常用于数据分析。

在深入研究 Spark 之前，让我们先来看看如何处理 HDFS 上的文件。

3.2.1　使用 HDFS 操控数据

HDFS 是一个分布式文件系统，其有一个重要的特点：它被设计运行在数千台计算机上，而这些计算机并不是专门为它构建的所谓的 commodity hardware。它不需要任何特殊的网络设备或特殊的磁盘，即可以在普通硬件上运行。贯穿 HDFS 设计的另一个理念是其具有弹性：硬件会出现故障在所难免，所以 HDFS 并不用试图防止故障产生，而是通过容错的方式来解决故障问题。考虑其规模，假设会发生故障，HDFS 可实现故障检测以实现自动快速恢复。另外，它还具有可移植性，可以不同的平台上运行，并且可以容纳 tb 量级的数据文件。

从用户的角度看，HDFS 的一个大优点是支持传统的分层文件结构组织（树状结构中的文件夹和文件），因此用户可以在文件夹中创建文件夹，在每个级别的文件夹中创建文件，简化其使用和操作方法。使用它时，文件和文件夹可以随意移动、删除和重命名，用户不需要知道数据复制或 NameNode/DataNote 数据结构就可以使用 HDFS；它看起来类似于 Linux 文件系统。在演示如何访问文件之前，我们需要先解释一下用于访问 Hadoop 数据的地址。例如，用于访问 HDFS 中文件的 URI 具有以下格式：

hdfs://hadoopnamenode.domainname/path/to/file

其中，namenode.domainname 是在 Hadoop 中配置的地址。Hadoop 用户指南详细介绍了如何访问 Hadoop 系统的不同部分。让我们通过几个例子来更好地理解其是如何工作的。

练习 16：在 HDFS 中操作文件

例如，一名分析师刚刚收到了一个要分析的大型数据集，它存储在一个 HDFS 系统上。这个分析师该如何列出、复制、重命名和移动这些文件呢？让我们假设分析师收到了一个带有原始数据的文件，名为 new_data.csv。

1. 如果您使用基于 Linux 的系统，那么让我们使用以下命令检查当前的目录和文件；如果您使用 Windows 系统，则使用命令提示符。

```
hdfs dfs -ls /
```

2. 在磁盘上有一个本地文件，叫做 new_data.csv，我们要将其复制到 HDFS 数据文件夹。

```
hdfs dfs -put C:/Users/admin/Desktop/Lesson03/new_data.csv /.
```

3. 请注意，该命令的最后一部分是 HDFS 内的路径。现在，在 HDFS

中,使用 mkdir 命令创建一个文件夹。

```
hdfs dfs -mkdir /data
```

将文件移动到 HDFS 的数据文件夹中:

```
hdfs dfs -mv /data_file.csv /data
```

4. 更改 CSV 文件的名称。

```
hdfs dfs -mv /data/new_data.csv /data/other_data.csv
```

5. 使用以下命令检查该文件是否位于当前位置。

```
hadoop fs -ls /data
```

6. 输出结果如下。

```
other_data.csv
```

笔 记

HDFS 其他的命令与 Linux Shell 中的命令名称相同。

如何使用 HDFS 操作文件和目录是大数据分析的一个重要组成部分,但通常情况下,直接操作只在摄取时完成。为了分析数据,我们不直接使用 HDFS,而是使用像 Spark 这样更强大的工具,下面让我们介绍使用 Spark 的操作步骤。

3.3 Spark 数据处理平台

Spark(https://spark.apache.org)是一个用于大规模数据处理的统一分析引擎。Spark 于 2009 年作为加州大学伯克利分校的一个项目启动,2013 年搬到了 Apache 软件基金会。

Spark 旨在解决 Hadoop 数据结构在用于分析时的一些问题,如数据流、存储在 HDFS 文件上的 SQL 和机器学习。它可以将数据分布到集群中的所有计算节点上，从而减少每个计算步骤的延迟。Spark 的另一个特点是它的灵活性：有针对 Java、Scala、SQL、R 和 Python 的接口，以及针对不同问题的库，比如用于机器学习的 MLlib，用于图表计算的 GraphX，以及用于流式工作负载的 Spark Streaming。

Spark 使用工作进程抽象可接收用户输入，以启动并行执行的驱动程序，以及驻留在集群节点上执行任务的工作进程。它有一个内置的集群管理工具，并支持其他工具集成到不同的环境和资源分配场景中，如 Hadoop-YARN 和 ApacheMesos（甚至 Kubernetes）。

Spark 运行也非常快，因为它会首先尝试将数据分发到所有节点上，并将其保存在内存中，而不是仅仅依赖于磁盘上。它可以处理比大于总的可用内存的数据集，在内存和磁盘之间移动数据，但这会使存储过程比将整个数据集存储在所有节点的总可用内存中时要慢。

Spark 的工作原理如图 3.2 所示：

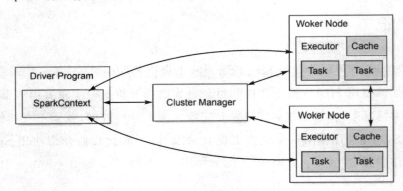

图 3.2　Spark 的工作原理

Spark 其他更强大的优点是具有多种用于本地和分布式存储系统的接口，如 HDFS、AmazonS3、Cassandra 等；可以通过 JDBC 或 ODBC 连接器连接 RDBMS，如 PostgreSQL 和 MySQL；并且可以使用 Hive Metastore 直接在 HDFS 文件上运行 SQL。Spark 还可以直接读取 CSV、Parquet 和 ORC 等文件格式。

Spark 的这种灵活性在处理大数据源时会有很大的优势,使大数据源可以有不同的格式。

Spark 既可以用作与 Scala、Python 和 R 交互的 Shell,也可以用作具有 Spark-submit 命令的作业提交平台。Submit 方法用于将作业分派在脚本中编码的 Spark 集群。Python 的 Spark Shell 接口称为 PySpark。它可以直接使用默认的 Python 版本从终端访问;可以通过 IPython Shell 使用它,甚至可以在 Jupyter Notebook 中访问它。

3.3.1 Spark SOL 以及 Pandas DataFrame

RDD 或弹性分布式数据集,是 Spark 中最基本的数据处理模型。推荐大家使用操作数据的 API 是 DataFrameAPI。DataFrameAPI 构建在 RDDAPI 之上,但是 RDDAPI 仍然可以被访问。

现在使用 RDDs 被认为是低端的,因为所有操作都可以在 DataFrameAPI 中使用,但我们了解 RDDAPI 并没有什么坏处。

SQL 模块允许用户使用 SQL 查询 Spark 中的数据,类似于常见的关系数据库。DataFrameAPI 是 SQL 模块的一部分,它可以处理结构化数据。该数据接口有助于在使用相同的执行引擎的情况下创建额外的优化,并且可独立表达此类计算的 API 或语言。

DataFrame 中的 API 类似于 Pandas 的 DataFrame。在 Spark 中,DataFrame 是一个分布式数据集合,它被组织成列,每个列都有一个名称。在 Spark2.0 中,DataFrame 是相对更通用的数据集 API 的一部分,但是由于这个 API 只可用于 Java 和 Scala 语言,这里我们将只讨论 DataFrameAPI(在文档中称为 **Untyped Dataset Operations**)。

Spark DataFrame 的接口与 Pandas 接口类似,但有重要区别:

第一个区别是 Spark DataFrame 是不可变的:在创建后,它们不能被更改;

第二个不同之处在于,Spark 有两种不同的操作类型:**transformations**

和 actions。

Transformations 是应用于 DataFrame 元素上的操作类型，并且是在后面排队等待稍后执行的，而不是提取数据。

只有在实际操作时，才会获取数据并执行所有排队的转换，这被称为惰性计算。

练习 17：在 Spark 中执行 DataFrame 操作

我们现在学习使用 Spark 执行输入/输出和简单的聚合操作。正如我们之前所说的，Spark 界面的灵感来自于 Pandas 界面。我们在本书第 2 章，"使用 Matplotlib 和 Seaborn 的统计可视化"中所学到的知识可以应用于这里，有助于我们更容易、更快地执行更复杂的分析，包括稍后对聚合数据的聚合、统计、计算和可视化。下面我们像之前一样读取一个 CSV 文件，并对它进行分析。

1. 首先，让我们在 Jupyter Notebook 上使用以下命令创建一个 Spark 会话。

```
from pyspark.sql import SparkSession

>>> spark = SparkSession \
    .builder \
    .appName("Python Spark Session") \
    .getOrCreate()
```

2. 使用下面的命令从 mydata.csv 文件中读取数据。

```
df = spark.read.csv('/data/mydata.csv', header = True)
```

3. 正如我们之前所说的，Spark 计算是惰性的，所以如果我们想显示 DataFrame 中的值，需要调用这个操作，如下所示。

```
df.show()
+------+----+-------+
| name| age| height|
+------+----+-------+
| Jonh|  22|   1.80|
|Hughes|  34|   1.96|
| Mary|  27|   1.56|
+------+----+-------+
```

笔 记

执行 DataFrame 对于 Pandas 来说不是必要的：直接打印 DataFrame 就可以了。

练习 18：使用 Spark 访问数据

在读取了 DataFrame 并显示其内容之后，我们开始处理数据，以便进行数据分析。我们可以使用相同的 NumPy 选择语法访问数据，并提供列名作为 **input**。请注意，返回的对象的类型为：**Column**。

1. 从我们在前面的练习中读取的 DataFrame 中选择一列。

```
df['age'].Column['age']
```

这与我们在 Pandas 上看到的情况有所不同。从 Spark DataFrame 中的列中选择值的方法是 select。所以，我们看看当我们使用这个方法时会发生什么。

2. 再次使用相同的 DataFrame，使用 select 方法选择名称列。

```
df.select(df['name'])DataFrame[age：string]
```

3. 现在，它从 **Column** 变成了 **DataFrame**。因此，我们可以使用 DataFrame 的方法进行操作。使用 **show** 方法来显示针对 **age** 的 **select** 方法的结

果如下。

```
df.select(df['age']).show()
+---+
|age|
+---+
| 22|
| 34|
| 27|
+---+
```

4. 选择多个列。我们可以使用列的名称来执行此操作。

```
df.select(df['age'], df['height']).show()
+---+------+
|age|height|
+---+------+
| 22|  1.80|
| 34|  1.96|
| 27|  1.56|
+---+------+
```

这样可以扩展到具有相同语法的其他列。我们将在第 4 章中讨论更复杂的操作，比如 **aggregations with GroupBy**。

练习 19：从本地文件系统和 HDFS 中读取数据

要从本地磁盘读取文件，只需要给 Spark 提供路径即可。我们还可以读取位于不同存储系统中的其他几种文件格式，如 Spark 可以读取以下格式的文件：

CSV
JSON
ORC
Parquet
Text

并可以从以下存储系统中读取：

JDBC

ODBC

Hive

S3

HDFS

基于 URL 方案，让我们读取来自不同地方和格式的数据作为练习：

1. 在 Jupyter Notebook 上导入必要的库。

```
from pyspark.sql import SparkSession
spark = SparkSession \
    .builder \
    .appName("Python Spark Session") \
    .getOrCreate()
```

2. 假设必须从一个 JSON 文件中获取一些数据，这对于从 web 上的 API 中收集来的数据来说是很常见的。如要直接从 HDFS 读取文件，请使用以下 URL。

```
df = spark.read.json('hdfs://hadoopnamenode/data/myjsonfile.json')
```

请注意，使用这种 URL 时，我们必须提供 HDFS 端点的完整地址。我们也可以只使用简化的路径，假设 Spark 已经配置了正确的选项。

3. 现在，使用以下命令将数据读入到 Spark object 中：

```
df = spark.read.json('hdfs://data/myjsonfile.json')
```

4. 因此，我们选择了 **read** 方法上的格式和访问 URL 上的存储系统。我们可用同样的方法访问 JDBC 连接的数据库，但通常，必须提供用户和密码才能连接。下面我们看看如何连接 PostgreSQL 数据库。

```
url = "jdbc:postgresql://posgreserver:5432/mydatabase"
properties = {"user": "my_postgre_user", "password": "mypassword", "driver": "org.postgresql.Driver"}
df = spark.read.jdbc(url, table = "mytable", properties = properties)
```

练习 20：将数据重新写入 HDFS 和 PostgreSQL

正如我们在 Pandas 中看到的那样，我们执行了一些操作和转换，之后我们假设将结果写回本地文件系统。当我们完成分析，并希望与其他团队共享结果时，或者希望使用其他工具显示我们的数据和结果时，下面这个练习会非常有用。

1. 通过 DataFrame 直接在 HDFS 上使用 write 方法。

   df.write.csv('results.csv', header = True)

2. 对于相关的数据库，请使用与此处所示的相同的 URL 和 properties dictionary。

   df = spark.write.jdbc(url, table = "mytable", properties = properties)

上面的操作使得 Spark 在处理大型数据集，并将它们组合起来进行分析方面具有了很大的灵活性。

笔 记

Spark 可以用作为转换数据的中间工具，包括聚合或修复数据问题，其可以不同的格式保存，并供其他应用程序使用。

3.4 Parquet 文件

Parquet 数据是条形存储二进制，可以被不同的工具使用，包括 Hadoop 和 Spark。它旨在通过支持压缩实现更高的性能和存储使用功能。它面向列的设计有助于性能数据选择，因为只检索所需列中的数据，而不是搜索数据，并丢弃不需要的行中的值，从而减少了数据分布在磁盘上的大数据场景的检索时间。Parquet 文件也可以通过 C++ 库由外部应用程序读写，甚至可以直接通过 Pandas 读写。

目前，Pqrquet 库与 **Arrow Project** 都正在开发中。

当在 Spark 中考虑更复杂的查询时，特别是当查询时需要搜索大量数据集时，Parquet 格式存储数据可以提高相应的性能，而压缩有助于减少在 Spark 中执行操作时需要通信的数据量，从而减少网络 I/O。Parquet 还支持模式和嵌套模式，类似于 JSON，并且 Spark 可以直接从文件中读取相关模式。

Spark 中的 Parquet writer 有几个选项，如模式（附加、覆盖、忽略或错误，默认选项）和压缩（一个选择压缩算法的参数）。可用的算法如下：

Gzip

Lzo

Brottli

Lz4

Snappy

默认的算法是 Snappy。

3.4.1 编写 Parquet 文件

假设我们收到了很多 CSV 文件，需要对它们做一些分析，并需要减少数据量，这时我们可以用 Spark 和 Parquet 来做。

在开始分析之前，我们将 CSV 文件转换为 Parquet 格式。

1. 首先，从 HDFS 中读取 CSV 文件。

```
df = spark.read.csv('hdfs:/data/very_large_file.csv', header = True)
```

2. 将 DataFrame 中的 CSV 文件写回 HDFS，现在文件是 Parquet 格式。

```
df.write.parquet('hdfs:/data/data_file', compression = "snappy")
```

3. 把 Parquet 格式的文件读到一个新的 DataFrame 中。

```
df_pq = spark.read.parquet("hdfs:/data/data_file")
```

笔 记

> Write.Parquet 方法可创建一个文件名为 data_file 的文件夹,其中包含一个长名称文件,例如 part-00000-1932c1b2-e776-48c8-9c96-2875bf76769b-c000.snappy.parquet。

3.4.2 使用 Parquet 和 Partitions 提高分析性能

Parquet 支持的一个重要功能是分区,同时也可以提高查询的性能。分区背后的原理是将数据分割成可以更快访问的分区,分区键是一列用于分割数据集的值。当数据中存在需要单独处理的分区时,分区是很有用的。例如,如果您的数据是基于时间间隔的,那么分区列可以是年份值。这样,当查询使用基于年份的筛选器值时,将只读取匹配所请求年份的分区中的数据,而不是读取整个数据集。

分区也可以嵌套,并由 Parquet 中的目录结构表示。假设我们也想按月份对数据进行划分,Parquet 数据集的文件夹结构将类似于如下所示内容:

```
hdfs -fs ls /data/data_file
year=2015
year=2016
year=2017
hdfs -fs ls /data/data_file/year=2017
month=01
month=02
month=03
month=04
month=05
```

当分区被过滤时,由于只读取所选分区中的数据,因此分区可以使您获得更好的性能。一种方法是,这时要保存分区的文件,应该在 Parquet 命令中或作为链接使用 PartitionBy 选项写入操作的上一个命令中：

df.write.parquet("hdfs:/data/data_file_partitioned",partitionBy = ["year","month"])

另一种方法是：

df.write.partittionBy(["year","month"]).format("parquet").save("hdfs:/data/data_file_partitioned")

后一种方法可用于前面的操作：在读取分区数据时，Spark 可以从目录结构中推断出分区的结构。

如果能够正确使用分区，可以大大提高分析人员查询性能的工作效率。但是，如果分区列选择不正确，可能会影响其使用性能。例如，如果数据集中只有一年，那么每年的分区将不会有任何意义。如果有一个列具有太多的不同值，使用此列进行分区也可能会产生问题，创建太多的分区不会提高效率，甚至可能降低。

练习 21：创建分区数据集

我们在初步分析中发现，数据有日期列，一个表示年份，一个表示月份，还有一个表示天。我们要汇总这些数据，以得到每年、每月和每天的最小值、平均值和最大值。下面我们在数据库中创建一个保存在 Parquet 中的分区数据集。

1. 定义一个 PostgreSQL 连接。

url = "jdbc:postgresql://posgreserver:5432/timestamped_db"
properties = {"user": "my_postgre_user", password: "mypassword","driver": "org.postgresql.Driver"}

2. 使用 JDBC 连接器将数据从 PostgreSQL 读取到 DataFrame 中。

df = spark.read.jdbc(url, table = "sales", properties = properties)

3. 把它转换成分区 Parquet。

```
df.write.parquet("hdfs:/data/data_file_partitioned",partitionBy=["year",
"month","day"],compression="snappy")
```

使用 Spark 作为不同数据源的中介,并考虑它的数据处理和转换能力,使其成为组合和分析数据的优良工具。

3.5 处理非结构化数据

非结构化数据通常是指没有固定格式的数据。例如,CSV 文件是结构化的,尽管不是表格形式,但 JSON 文件也可以被认为是结构化的。另一方面,因为不同的程序和进程保护会输出没有公共模式的消息,所以计算机日志并没有相同的结构。图像也是非结构化数据,比如自由文本。

我们可以利用 Spark 读取数据的灵活性来解析非结构化格式,并将所需的信息提取为更结构化的格式进行分析。这个步骤通常被称为 **pre‐processing** 或 **data wrangling**。

练习 22:解析文本和清理

在本练习中,我们将读取一个文本文件,将其分割为行,并从给定的字符串中删除单词 **the** 和 **a**。

1. 使用 **text** 方法将文本文件 shake.text 读入 Spark 对象中。

```
from operator import add
rdd_df = spark.read.text("/shake.txt").rdd
```

2. 使用以下命令从文本中提取行。

```
lines = rdd_df.map(lambda line: line[0])
```

3. 这会将文件中的每一行拆分为列表中的一个条目,可以使用 **collect** 方法检查拆分结果,该方法可以将所有数据收集回驱动程序进程中。

```
lines.collect()
```

4. 现在,让我们使用 count 方法计数行数。

```
lines.count( )
```

笔 记

使用 collect 方法时要注意:如果收集的 DataFrame 或者 RDD 大于本地驱动程序的内存,Spark 会报错。

5. 现在,我们先把每一行拆分为单词,再根据它周围的空格将其打断,然后组合所有元素,删除大写的单词。

```
splits = lines.flatMap(lambda x: x.split(' '))
lower_splits = splits.map(lambda x: x.lower().strip())
```

6. 删除单词 **the** 和 **a**,以及给定的字符串中像".",","类似这样的标点符号。

```
prep = ['the', 'a', ',', '.']
```

7. 使用以下命令从列表中删除停用词。

```
tokens = lower_splits.filter(lambda x: x and x not in prep)
```

现在,可以处理标记列表并计算唯一的单词:生成一个元组列表,其中第一个元素是令牌(token),第二个元素是该特定令牌的计数。

8. 将我们的令牌映射到一个列表中。

```
token_list = tokens.map(lambda x: [x, 1])
```

```
count = token_list.reduceByKey(add).sortBy(lambda x: x[1],
ascending=False)
count.collect()
```

9. 进行 **reduceByKey** 操作,该操作将应用于每个列表。

输出结果如图 3.3 所示:

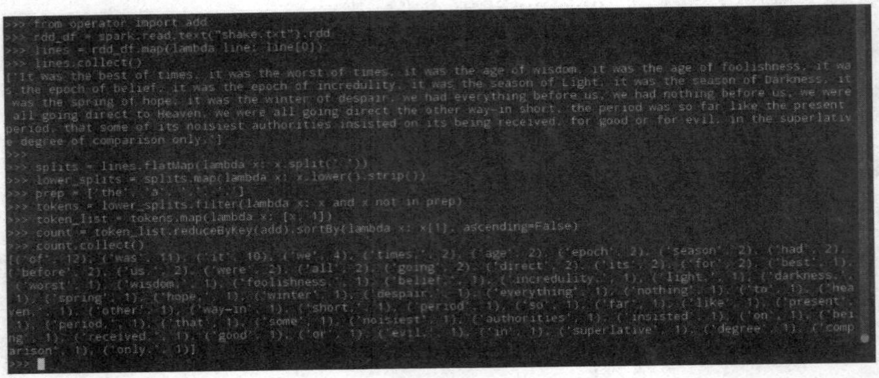

```
>>> from operator import add
>>> rdd_df = spark.read.text("shake.txt").rdd
>>> lines = rdd_df.map(lambda line: line[0])
>>> lines.collect()
['It was the best of times, it was the worst of times, it was the age of wisdom, it was the age of foolishness, it wa
s the epoch of belief, it was the epoch of incredulity, it was the season of Light, it was the season of Darkness, it
 was the spring of hope, it was the winter of despair, we had everything before us, we had nothing before us, we were
 all going direct to Heaven, we were all going direct the other way-in short, the period was so far like the present
period, that some of its noisiest authorities insisted on its being received, for good or for evil, in the superlativ
e degree of comparison only.']
>>>
>>> splits = lines.flatMap(lambda x: x.split(' '))
>>> lower_splits = splits.map(lambda x: x.lower().strip())
>>> prep = ['the', 'a', ',', '.']
>>> tokens = lower_splits.filter(lambda x: x and x not in prep)
>>> token_list = tokens.map(lambda x: [x, 1])
>>> count = token_list.reduceByKey(add).sortBy(lambda x: x[1], ascending=False)
>>> count.collect()
[('of', 12), ('was', 11), ('it', 10), ('we', 4), ('times,', 2), ('age', 2), ('epoch', 2), ('season', 2), ('had', 2),
('before', 2), ('us,', 2), ('were', 2), ('all', 2), ('going', 2), ('direct', 2), ('its', 2), ('for', 2), ('best', 1),
 ('worst', 1), ('wisdom,', 1), ('foolishness,', 1), ('belief,', 1), ('incredulity,', 1), ('light,', 1), ('darkness,',
 1), ('spring', 1), ('hope,', 1), ('winter', 1), ('despair,', 1), ('everything', 1), ('nothing', 1), ('to', 1), ('hea
ven,', 1), ('other', 1), ('way-in', 1), ('short,', 1), ('period', 1), ('so', 1), ('far', 1), ('like', 1), ('present',
 1), ('period,', 1), ('that', 1), ('some', 1), ('noisiest', 1), ('authorities', 1), ('insisted', 1), ('on', 1), ('bei
ng', 1), ('received,', 1), ('good', 1), ('or', 1), ('evil,', 1), ('in', 1), ('superlative', 1), ('degree', 1), ('comp
arison', 1), ('only.', 1)]
>>>
```

图 3.3　解析文本和清理

笔　记

记住，collect( )会将所有数据收集回驱动程序节点！我们需要通过使用 top 和 htop 等工具检查是否有足够的内存。

测试 8：从文本中删除停用词

在此测试中，我们将读取一个文本文件，将其分割成行，并从文本中删除 **stopwords**。

1. 读取在练习 8 中使用的 shake. txt 文本文件。
2. 从文本中提取这些行，并使用每一行创建一个列表。
3. 将每一行拆分成单词，按周围的空格分开，删除大写的单词。
4. 从我们的令牌列表中删除停用词："of""a""and""to"。
5. 处理令牌列表并对 unique words 进行计数，生成由令牌及其计数组成的元组列表。
6. 使用 reduceByKey 操作将我们的令牌映射到一个列表中。

输出结果如图 3.4 所示：

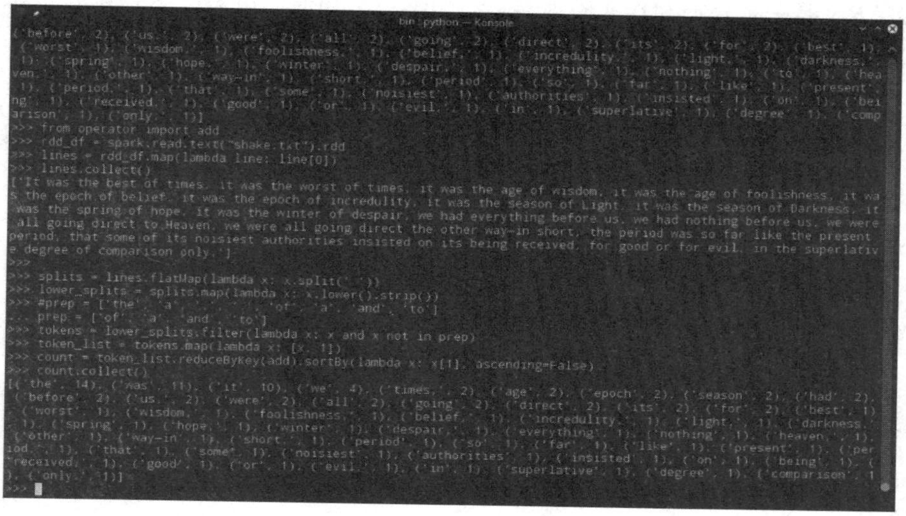

图 3.4 从文本中删除停用词

笔 记

删除停用词测试的解决方案可以在本书附录中了解。

我们得到了元组列表,其中每个元组都是标记,以及该单词在文本中出现的次数。请注意,在最终收集计数之前(一个操作)之前,作为转换的操作并没有立即运行:我们需要用 action 操作计数来使 Spark 执行所有步骤。

其他类型的非结构化数据也可以使用前面的示例进行解析,就像在前面的测试中那样直接操作,或者转换为 DataFrame。

3.6 总 结

在回顾了什么是大数据后,我们了解了一些用于存储和处理超大容量数据而设计的工具,如 Hadoop 是一个由框架和工具组成的完整生态系统,例如,HDFS 旨在以分布式方式在大量商品计算节点中存储数据,又例如

YARN 是一个资源和作业管理器。我们学习了如何使用 HDFS 命令直接在 HDFS 上操作数据。

我们还了解了 Spark 相关知识,这是一个非常强大和灵活的并行处理框架,可以很好地与 Hadoop 集成。Spark 有不同的 API,如 SQL、GraphX 和 Streaming。我们还了解了 Spark 如何在 DataFrameAPI 中表示数据,其计算方法与 Pandas 类似。我们还了解了如何使用 Parquet 文件格式高效地存储数据,以及如何在使用分区分析数据时提高其性能。最后,我们了解了如何处理非结构化的数据文件,例如,文本。

在第 4 章中,我们将更深入地探讨如何使用更先进的 Spark 技术创建有意义的统计分析,以及如何使用带有 Spark 的 Jupyter Notebook。

第 4 章 Spark DataFrame

学习目标

学习本章,您将能够了解:

实现基本的 Spark DataFrame API;

从不同的数据源中读取数据,并创建 Spark DataFrame;

使用不同的 Spark DataFrame 选项来进行操控数据;

使用不同的图在 Spark DataFrame 中可视化数据;

在本章中,我们将使用 Spark 作为大数据集的分析工具。

4.1 概 述

第 3 章我们介绍了处理大数据的分布式数据处理平台——Spark。在本章中,我们将了解更多关于如何使用 Pythond 的 API - PySpark 来处理 Spark 和 Spark DataFrame 的知识。学习这些可使我们能够处理 pb 级的数据,同时实现 pb 级的机器学习(**Machine Learning**,**ML**)算法。本章将重点介绍在 PySpark 中使用 Spark DataFrame 的数据处理部分。

笔 记

在本章中,我们将经常使用术语 DataFrame,除非另有说明,否则它特指 Spark DataFrame。注意不要把它与 Pandas DataFrame 混淆。

Spark DataFrame 是以命名列组织的分布式数据集合。它们的产生来自于 R 和 Python DataFrame,它更具有复杂的优化性,能够快速处理、优化和可扩展。

DataFrame API 是作为 **Project Tungsten** 的一部分开发的，旨在提高 Spark 的性能和可扩展性，最初是通过 Spark1.3 引入的。Spark DataFrame 比它们的前身 RDDs 更容易使用和操作。RDDs 是不可变的，并且支持延迟加载，这意味着除非调用一个操作，否则不会对 DataFrame 执行任何转换。DataFrame 的执行计划是由 Spark 本身预先设计好的，即在 DataFrame 上的操作比在 RDDs 上更快。

4.2 Spark DataFrame 使用方法

要使用 Spark DataFrame，我们必须先创建 SparkContext。SparkContext 在底层配置内部服务，以便于从 Spark 执行环境中执行命令。

笔 记

我们使用 Spark2.1.1 版本时，要在 Python3.7.1 上运行。如果 Spark 和 Python 安装在 MacBook Pro 上，要运行 macOS Mojave 10.14.3 版本，并配备 2.7 GHz 英特尔核心 i5 处理器和 8 GB 1867 MHz DDR3 内存。

以下代码片段可用于创建 SparkContext：

```
from pyspark import SparkContext
sc = SparkContext( )
```

笔 记

如果您在使用 PySpark Shell 进行工作，那么可以跳过此步骤，因为 Shell 在启动时会自动创建 sc（**SparkContext**）变量。但是，请确保在创建 PySpark 脚本或使用 Jupyter Notebook 时创建 **sc** 变量，否则您的代码会报错。

此外，我们还需要创建一个 **SQLContext**，然后才能开始使用 Dat-

第 4 章
Spark DataFrame

aFrame。Spark 中的 **SQLContext** 是一个在 Spark 中提供类似 SQL 功能的类。我们可以使用 **SparkContext** 创建 **SQLContext**。

```
from pyspark.sql import SQLContext
sqlc = SQLContext(sc)
```

在 Spark 中创建 DataFrame 有 3 种不同的方法：

我们可以以编程方式指定 DataFrame 数据结构，并手动输入数据。但是，由于 Spark 通常被用于处理大数据，因此该方法除了为小型测试/样例创建数据之外，几乎很少用到。

创建 DataFrame 的另一种方法是使用 Spark 中的 RDD，使用 DataFrame 比直接使用 RDD 要容易得多。

我们还可以直接从数据源中读取数据，创建一个 Spark DataFrame。Spark 支持多种外部数据源，包括 CSV、JSON、Parquet、RDBMS 表和 hive 表。

练习 24：指定 DataFrame 的数据结构

在本练习中，我们将通过手动指定模式并在 Spark 中输入数据来创建一个小的 DataFrame 样例。尽管这种方法在实际场景中应用很少，这有助于更好地使用 Spark DataFrame。

DataFrame：

1. 导入必要的文件。

```
from pyspark import SparkContext
sc = SparkContext()
from pyspark.sql import SQLContext
sqlc = SQLContext(sc)
```

2. 从 PySpark 模块导入 SQL 实用程序，并指定 DataFrame 样例的数据结构。

```
from pyspark.sql import *
```

```
na_schema = Row("Name","Age")
```

3. 根据指定的数据结构为 DataFrame 创建行。

```
row1 = na_schema("Ankit", 23)
row2 = na_schema("Tyler", 26)
row3 = na_schema("Preity", 36)
```

4. 将这些行组合在一起,以创建 DataFrame。

```
na_list = [row1, row2, row3]
df_na = sqlc.createDataFrame(na_list)
type(df_na)
```

5. 现在,使用以下命令显示 DataFrame。

```
df_na.show( )
```

输出结果如图 4.1 所示:

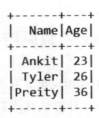

图 4.1　PySpark DataFrame 样例

练习 25:从一个现有的 RDD 中创建一个 DataFrame

在本练习中,我们将从 Spark 中的一个现有的 RDD 对象中创建一个小的 DataFrame 样例。

1. 创建一个 RDD 对象,我们将把它转换为 DataFrame。

```
data = [("Ankit",23),("Tyler",26),("Preity",36)]
data_rdd = sc.parallelize(data)
```

type(data_rdd)

2. 将 RDD 对象转换为一个 DataFrame。

data_sd = sqlc.createDataFrame(data_rdd)

3. 现在,使用以下命令显示 DataFrame。

data_sd.show( )

输出结果如图 4.2 所示:

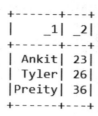

图 4.2　从 RDD 对象转换而来的 DataFrame

练习 26:使用 CSV 文件创建一个 DataFrame

我们可以使用各种不同的数据源创建一个 DataFrame。在本练习中,我们将使用开源的 Iris 数据集创建,它可以在 Scikit-learn 库中的数据集中找到。Iris 数据集是一个包含 150 条记录的多元数据集,其 3 种 Iris 花(Iris setosa, Iris virginica 和 Iris versicolor)各有 50 条记录。

该数据集包含每个 Iris 种的 5 个属性,即花瓣长度(**petal length**)、花瓣宽度(**petal width**)、萼片长度(**sepal length**)、萼片宽度(**sepal width**)和种(**species**)。如果已经将这个数据集存储在一个外部 CSV 文件中,接着要将其读取到 Spark 中。

1. 从数据库网站下载并安装 PySpark CSV reader 包。

pyspark - packages com.databricks:spark-csv_2.10:1.4.0

2. 将 CSV 文件中的数据读入 Spark DataFrame。

```
df = sqlc.read.format('com.databricks.spark.csv').options(header =
'true',inferschema = 'true').load('iris.csv')
type(df)
```

3. 接着使用以下命令显示 DataFrame。

```
df.show(4)
```

输出如图 4.3 所示：

```
+-----------+----------+-----------+----------+-------+
|Sepallength|Sepalwidth|Petallength|Petalwidth|Species|
+-----------+----------+-----------+----------+-------+
|        5.1|       3.5|        1.4|       0.2| setosa|
|        4.9|       3.0|        1.4|       0.2| setosa|
|        4.7|       3.2|        1.3|       0.2| setosa|
|        4.6|       3.1|        1.5|       0.2| setosa|
+-----------+----------+-----------+----------+-------+
only showing top 4 rows
```

图 4.3 Iris DataFrame，前四行

笔　记

> 大家也可以探索其他数据源，如制表符分隔的文件、parquet 文件和关系数据库（relational datdabases）。

4.3 从 Spark DataFrame 中写入输出

Spark 使我们能够将存储在 Spark DataFrame 中的数据写入本地的 Pandas DataFrame，或者将它们写入外部结构化文件格式，如 CSV。但是，在将 Spark DataFrame 转换为本地 Pandas DataFrame 之前，请确保这些数据能够存储在本地驱动程序内存中。

在下面的练习中，我们将探讨如何将 Spark DataFrame 转换为 Pandas DataFrame。

第 4 章
Spark DataFrame

练习 27：将 Spark DataFrame 转化为 Pandas DataFrame

在本练习中，我们将使用在前面练习中预先创建的 Iris 数据集的 Spark DataFrame，并将其转换为本地的 Pandas DaraFrame。然后，我们将把这个 DataFrame 存储到一个 CSV 文件中。执行以下步骤。

1. 使用以下命令将 Spark DataFrame 转换为 Pandas DataFrame。

```
import Pandas as pd
df.toPandas()
```

2. 接着，使用下面的命令将 Pandas DataFrame 写入一个 CSV 文件。

```
df.toPandas().to_csv('iris.csv')
```

笔 记

将 Spark DataFrame 的内容写入 CSV 文件需要使用 **Spark-csv** 包的一行代码。

```
df.write.csv('iris.csv')
```

4.4 探索和了解 Spark DataFrame 更多特点

与传统的 RDDs 相比，Spark DataFrame 提供的主要优点是易于使用和探索数据，其可以将数据以更结构化的表格格式存储在 DataFrame 中，因此使用者更容易看懂。我们可以计算基本的统计数据，如行数和列数，查看数据结构，并计算汇总的统计数据，如平均值和标准差。

练习 28：显示基本的 DataFrame 统计信息

在本练习中，我们将展示前几行数据的基本 DataFrame 统计信息，以及所有数值 DataFrame 列和单个 DataFrame 列的汇总统计信息。

1. 查看 DataFrame 的数据结构。该数据结构在控制台上显示为树形格式,如图 4.4 所示。

```
df.printSchema()
```

```
root
 |-- Sepallength: double (nullable = true)
 |-- Sepalwidth: double (nullable = true)
 |-- Petallength: double (nullable = true)
 |-- Petalwidth: double (nullable = true)
 |-- Species: string (nullable = true)
```

图 4.4　Iris DataFrame 的数据结构

2. 此时,使用以下命令打印 Spark DataFrame 的列名。

```
df.schema.names
```

输出如图 4.5 所示:

```
['Sepallength', 'Sepalwidth', 'Petallength', 'Petalwidth', 'Species']
```

图 4.5　Iris 列名称

3. 检索 Spark DataFrame 中存在的行数和列数,请使用以下命令。

```
## Counting the number of rows in DataFrame
df.count() # 134
## Counting the number of columns in DataFrame
len(df.columns) # 5
```

4. 我们来获取数据的前 n 行。可以通过使用 **head**( )方法实现,但是,在此请使用 **show**( )方法,因为它能以更好的格式显示数据。

```
df.show(4)
```

输出结果如图 4.6 所示:

5. 接着计算 DataFrame 中所有数值列的汇总统计数据,如平均值和标

```
+----------+---------+----------+---------+-------+
|Sepallength|Sepalwidth|Petallength|Petalwidth|Species|
+----------+---------+----------+---------+-------+
|       5.1|      3.5|       1.4|      0.2| setosa|
|       4.9|      3.0|       1.4|      0.2| setosa|
|       4.7|      3.2|       1.3|      0.2| setosa|
|       4.6|      3.1|       1.5|      0.2| setosa|
+----------+---------+----------+---------+-------+
only showing top 4 rows
```

图 4.6　Iris DataFrame，前 4 行

准差。

```
df.describe( ).show( )
```

输出结果如图 4.7 所示：

```
+-------+------------------+-------------------+------------------+-------------------+---------+
|summary|        Sepallength|         Sepalwidth|        Petallength|         Petalwidth|  Species|
+-------+------------------+-------------------+------------------+-------------------+---------+
|  count|               148|                150|               149|                150|      150|
|   mean| 5.854729729729732|  3.057333333333334|3.7744966442953043|  1.199333333333334|     null|
| stddev|0.8277774898579762|0.43586628493669793|1.7596127630823133| 0.7622376689603467|     null|
|    min|               4.3|                2.0|               1.0|                0.1|   setosa|
|    max|               7.9|                4.4|               6.9|                2.5|virginica|
+-------+------------------+-------------------+------------------+-------------------+---------+
```

图 4.7　Iris DataFrame，汇总统计数据

6. 如果计算 Spark DataFrame 的单个数值列的汇总统计信息，请使用以下命令。

```
df.describe('Sepalwidth').show( )
```

输出结果如图 4.8 所示：

```
+-------+-------------------+
|summary|         Sepalwidth|
+-------+-------------------+
|  count|                150|
|   mean|  3.057333333333334|
| stddev|0.43586628493669793|
|    min|                2.0|
|    max|                4.4|
+-------+-------------------+
```

图 4.8　Iris DataFrame，Sepalwidth 列的汇总统计数据

测试 9：Spark DataFrame 入门

在这个测试中,我们将使用前面几节中学习到的概念,并使用创建一个 Spark DataFrame。然后,计算 DataFrame 的统计数据,最后,将相同的数据写入到一个 CSV 文件中。大家可使用任何开源数据集进行此测试。

1. 手动指定数据结构创建一个 DataFrame 样例。
2. 从现有的 RDD 中创建一个 DataFrame 样例。
3. 通过从 CSV 文件中读取数据来创建一个 DataFrame 样例。
4. 打印输出在步骤 3 中读取的 DataFrame 样例的前 7 行。
5. 打印输出在步骤 3 中读取的 DataFrame 样例的数据结构。
6. 打印输出 DataFrame 样例中的行数和列数。
7. 打印输出 DataFrame 的汇总统计数据和任意两个单独的数字列。
8. 使用练习中提到的两种方法,将 DataFrame 样例的前 7 行写入到一个 CSV 文件中。

笔 记

> 本节测试的解决方案可以在本书后面附录中找到。

4.5 使用 Spark DataFrame 对数据进行相关操作

数据处理是数据分析的先决条件,为了从数据中获得有意义的信息,我们首先需要懂得如何处理和操作数据。但随着数据规模的增大,这些问题变得特别困难。由于数据的规模大,即使简单的过滤和排序等操作也成为类似复杂的编码问题。Spark DataFrame 使进行大数据的数据操作变得容易。

第 4 章
Spark DataFrame

在 Spark DataFrame 中操作数据就像在常规的 Pandas DataFrame 中工作一样。在 Spark DataFrame 上进行大多数数据操作时都可以使用简单直观的一行代码来完成。这里我们可使用 Spark DataFrame，以及我们在之前的练习中为这些数据操作练习创建 Iris 数据集。

练习 29：从 DataFrame 中选择并重命名列

在本练习中，我们将首先使用 **WithColumnRenamed** 方法重命名列，然后使用 **select** 选择，并打印输出数据结构。

执行以下步骤：

1. 使用 **withColumnRenamed**( ) 重命名 Spark DataFrame 的列：df = df.withColumnRenamed('Sepal.Width','Sepalwidth')。

笔 记

Spark 不能识别包含句点(.)的列名。请确保使用此方法成功重命名。

2. 使用 **select** 从 Spark DataFrame 中选择一个列或多个列。
df.select('Sepalwidth','Sepallength').show(4)
输出如图 4.9 所示：

```
+----------+-----------+
|Sepalwidth|Sepallength|
+----------+-----------+
|       3.5|        5.1|
|       3.0|        4.9|
|       3.2|        4.7|
|       3.1|        4.6|
+----------+-----------+
only showing top 4 rows
```

图 4.9　Iris DataFrame，Sepalwidth 和 Sepallength 列

练习30：从 DataFrame 中添加和移除列

在本练习中，我们将使用 WithColuun 在数据集中添加一个新列，然后使用 drop 函数删除它。现在，让我们执行以下步骤。

1. 使用 WithColuun 在 Spark DataFrame 中添加一个新列。

```
df = df.withColumn('Half_sepal_width', df['Sepalwidth']/2.0)
```

2. 使用以下命令显示含有新添加的列的数据集，如图 4.10 所示。

```
df.show(4)
```

```
+-----------+----------+-----------+----------+-------+----------------+
|Sepallength|Sepalwidth|Petallength|Petalwidth|Species|Half_sepal_width|
+-----------+----------+-----------+----------+-------+----------------+
|        5.1|       3.5|        1.4|       0.2| setosa|            1.75|
|        4.9|       3.0|        1.4|       0.2| setosa|             1.5|
|        4.7|       3.2|        1.3|       0.2| setosa|             1.6|
|        4.6|       3.1|        1.5|       0.2| setosa|            1.55|
+-----------+----------+-----------+----------+-------+----------------+
only showing top 4 rows
```

图 4.10　引入新列，Half_sepal_width

3. 此时，如要删除 Spark DataFrame 中的一个列，请使用如下的 **drop** 方法。

```
df = df.drop('Half_sepal_width')
```

4. 显示该数据集（图 4.11），以验证该列是否已被删除。

```
df.show(4)
```

练习31：在 DataFrame 中显示和统计不同的值

为了在 DataFrame 中显示出不同的值，我们使用了 distinct（）.show（）

```
+-----------+----------+-----------+----------+-------+
|Sepallength|Sepalwidth|Petallength|Petalwidth|Species|
+-----------+----------+-----------+----------+-------+
|        5.1|       3.5|        1.4|       0.2| setosa|
|        4.9|       3.0|        1.4|       0.2| setosa|
|        4.7|       3.2|        1.3|       0.2| setosa|
|        4.6|       3.1|        1.5|       0.2| setosa|
+-----------+----------+-----------+----------+-------+
only showing top 4 rows
```

图 4.11　删除 Half_sepal_width 列后的 Iris DataFrame

方法。类似地，为了统计出不同的值，我们将使用 **distinct**( ). **count**( )方法。执行以下步骤，以打印输出不同的值的总数量。

1. 使用 **distinct**，并结合 **select**，在 Spark DataFrame 的任意列中选择不同的值，如图 4.12 所示。

df.select('Species').distinct().show()

图 4.12　Iris DataFrame，Species 列

2. 如要计算 Spark DataFrame 的任何列中的不同值的数量，请使用 **count** 以及 **distinct**。

df.select('Species').distinct().count()

练习 32：删除 DataFrame 中的重复行和筛选行

在本练习中，我们将学习如何从数据集中删除重复行，随后，对同一列执行过滤操作。

下面执行以下步骤：

1. 使用 **DropDuplicates**( )从 DataFrame 中删除重复的值，删除重复列后的 Species 列如图 4.13 所示。

```
df.select('Species').dropDuplicates().show()
```

图 4.13　Iris DataFrame，删除重复列后的 Species 列

2. 使用一个或多个条件从 DataFrame 中筛选行。当多个条件时可以使用布尔运算符一起传递到 DataFrame，如和(&)，或非(|)，类似于我们对 Pandas DataFrame 的操作，单个条件筛选后的 Iris DataFrame 如图 4.14 所示。

```
# Filtering using a single condition
df.filter(df.Species == 'setosa').show(4)
```

```
+-----------+----------+-----------+----------+-------+
|Sepallength|Sepalwidth|Petallength|Petalwidth|Species|
+-----------+----------+-----------+----------+-------+
|        5.1|       3.5|        1.4|       0.2| setosa|
|        4.9|       3.0|        1.4|       0.2| setosa|
|        4.7|       3.2|        1.3|       0.2| setosa|
|        4.6|       3.1|        1.5|       0.2| setosa|
+-----------+----------+-----------+----------+-------+
only showing top 4 rows
```

图 4.14　单个条件筛选后的 Iris DataFrame

3. 现在，使用多个条件筛选列，请使用以下命令，多个条件筛选后的 Iris DataFrame 如图 4.15 所示。

```
df.filter((df.Sepallength > 5) & (df.Species == 'setosa')).show(4)
```

```
+----------+----------+----------+----------+-------+
|Sepallength|Sepalwidth|Petallength|Petalwidth|Species|
+----------+----------+----------+----------+-------+
|      null|       3.4|       1.6|       0.4| setosa|
|      null|       3.0|       1.6|       0.2| setosa|
|       4.3|       3.0|       1.1|       0.1| setosa|
|       4.4|       3.0|      null|       0.2| setosa|
|       4.4|       2.9|       1.4|       0.2| setosa|
+----------+----------+----------+----------+-------+
only showing top 5 rows
```

图 4.15　多个条件筛选后的 Iris DataFrame

练习33：对 DataFrame 中的行进行排序

在本练习中,将探讨如何按升序和降序对 DataFrame 中的行进行排序。让我们执行以下步骤。

1. 使用一个或多个条件,按升序或降序对 DataFrame 中的行进行排序。

```
df.orderBy(df.Sepallength).show(5)
```

筛选后的 Iris DataFrame 如图 4.16 所示：

```
+----------+----------+----------+----------+-------+
|Sepallength|Sepalwidth|Petallength|Petalwidth|Species|
+----------+----------+----------+----------+-------+
|      null|       3.4|       1.6|       0.4| setosa|
|      null|       3.0|       1.6|       0.2| setosa|
|       4.3|       3.0|       1.1|       0.1| setosa|
|       4.4|       3.0|      null|       0.2| setosa|
|       4.4|       2.9|       1.4|       0.2| setosa|
+----------+----------+----------+----------+-------+
only showing top 5 rows
```

图 4.16　筛选后的 Iris DataFrame

2. 如要按降序对行进行排序,请使用以下命令。

```
df.orderBy(df.Sepallength.desc()).show(5)
```

按降序排序后的 Iris DataFrame 如图 4.17 所示：

```
+-----------+----------+-----------+----------+---------+
|Sepallength|Sepalwidth|Petallength|Petalwidth| Species |
+-----------+----------+-----------+----------+---------+
|        7.9|       3.8|        6.4|       2.0|virginica|
|        7.7|       2.6|        6.9|       2.3|virginica|
|        7.7|       3.8|        6.7|       2.2|virginica|
|        7.7|       3.0|        6.1|       2.3|virginica|
|        7.7|       2.8|        6.7|       2.0|virginica|
+-----------+----------+-----------+----------+---------+
only showing top 5 rows
```

图 4.17　按降序排序后的 Iris DataFrame

练习 34：汇总 DataFrame 中的值

我们可以将 DataFrame 中的值按一个或多个变量进行分组，并计算聚合度量，如平均值（**mean**）、总和（**sum**）、计数（**count**）等。在这个练习中，我们来计算 Iris 数据集中每一种"花"的平均萼片宽度，并将计算每个物种的行计数。

1. 如要计算物种的萼片平均宽度（图 4.18），请使用以下命令。

df.groupby('Species').agg({'Sepalwidth' : 'mean'}).show()

```
+----------+------------------+
|   Species|    avg(Sepalwidth)|
+----------+------------------+
|  virginica|2.9739999999999998|
|versicolor|2.7700000000000005|
|    setosa| 3.428000000000001|
+----------+------------------+
```

图 4.18　Iris DataFrame，计算萼片平均宽度

2. 此时，让我们使用以下命令来计算每个物种的行数。

df.groupby('Species').count( ).show( )

使用 Iris DataFrame 计算每个物种的行数，如图 4.19 所示：

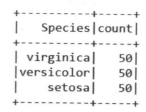

图 4.19　使用 Iris DataFrame 计算每个物种的行数

笔　记

在上述第二个代码片段中,计数也可以用 .agg 函数,但是我们所使用的方法应用更广泛。

测试 10:使用 Spark DataFrame 进行数据操作

在这个测试中,我们将使用前面章节中学习到的知识,并使用 Iris 数据集创建的 Spark DataFrame 中的数据,执行基本的数据操作步骤测试我们在 Spark DataFrame 中处理数据的能力。可使用任何开源数据集进行此测试,但要确保您使用的数据集同时具有数值变量和分类变量。

1. 重命名 DataFrame 中的任意 5 个列。如果 DataFrame 有更多个列,要重命名所有列。
2. 从 DataFrame 中选择 2 个数字列和 1 个类别列。
3. 计算分类变量中不同类别的数量。
4. 将这 2 个数值列相加并相乘,然后在 DataFrame 中创建 2 个新列。
5. 删除 2 个原始的数字列。
6. 按分类列对数据进行排序。
7. 计算分类变量中每个不同类别的总和列的平均值。
8. 筛选那些值大于在步骤 7 中计算的所有平均值的行。

9. 删除生成的 DataFrame 的重复序列,以确保它只有唯一的记录。

笔 记

这个测试的解决方案可以在本书后面附录中找到。

4.6 Spark DataFrame 绘制图形

有效地可视化数据的能力至关重要。数据的可视化表示有助于用户更好地理解数据,并发现在文本形式中可能被忽视的趋势。在 Python 中有许多类型的图,每一种都有自己的来源。

我们使用应用广泛的 Python 的 Matplotlib 和 Seaborn 绘图工具包,试着了解认识 Spark DataFrame 中的一些图,包括条形图、密度图、箱线图和折线图。这里需要注意的是,Spark 处理的是大数据。因此,在绘制数据之前,要确保数据大小足够合理(也就是说,它符合您电脑的 RAM),可以通过绘制数据之前对数据进行过滤、聚合或采样来实现。

我们使用的是 Iris 数据集,它很小,因此我们不需要做任何这样的预处理步骤减少数据的大小。

笔 记

用户应该在开始本节中的练习之前,预先在开发环境中安装和加载 Matplotlib 和 Seaborn 软件包。如果您对安装和加载这些软件包不熟练,请访问 Matplotlib 和 Seaborn 公司的官方网站。

练习 35:创建一个条形图

在这个练习中,我们将尝试使用条形图绘制每个物种可用的记录数量。

首先要汇总数据,并计算每个物种的记录数量。然后,可以将这些聚合的数据转换为一个常规的 Pandas DataFrame,并使用 Matplotlib 和 Seaborn 创建我们想要的任何类型的图。

1. 首先,计算每个花种的行数,并将结果转换为一个 Pandas DataFrame。

```
data = df.groupby('Species').count( ).toPandas( )
```

2. 从生成的 Pandas DataFrame 中创建一个条形图。

```
import seaborn as sns
import matplotlib.pyplot as plt
sns.barplot( x = data['Species'], y = data['count'])
plt.xlabel('Species')
plt.ylabel('count')
plt.title('Number of rows per species')
```

绘图如图 4.20 所示:

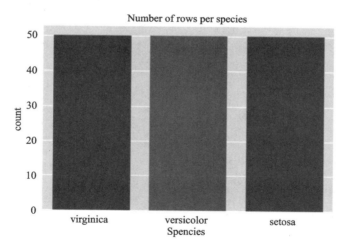

图 4.20 计算每个花种的行数后,从 Iris DataFrame 中创建的条形图

练习36：创建一个线性模型图

在本练习中，我们将绘制两个不同变量的数据点，并在它们上面拟合一条直线。这类似于在两个变量上拟合一个线性模型，以帮助识别这两个变量之间的相关性。

1. 从 Pandas DataFrame 中创建一个 **data** 对象。

```
data = df.toPandas()
sns.lmplot(x = "Sepallength", y = "Sepalwidth", data = data)
```

2. 使用以下命令绘制 DataFrame。

```
plt.show()
```

输出如图 4.21 所示：

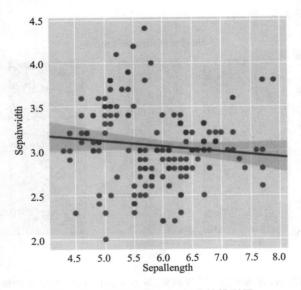

图 4.21　Iris DataFrame 的线性模型图

练习 37：创建一个 KDE 图和箱线图

在这个练习中，我们将创建一个核密度估计图（Kernel Density Estimation，KDE），以及一个箱线图。请按照以下说明操作。

1. 首先，绘制一个 KDE 图（图 4.22）以显示一个变量的分布。注意确保它能让我们了解一个变量的偏度和峰度的情况。

```
import seaborn as sns
data = df.toPandas()
sns.kdeplot(data.Sepalwidth, shade = True)
plt.show()
```

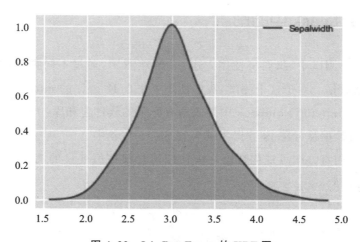

图 4.22　Iris DataFrame 的 KDE 图

2. 现在，使用以下命令绘制 Iris 数据集的箱线图。

```
sns.boxplot(x = "Sepallength", y = "Sepalwidth", data = data)
plt.show()
```

输出如图 4.23 所示：

箱线图是查看数据分布和定位离群值的好方法。它们使用第 1 个四分位数、中位数、第 3 个四分位数和四分位数范围（第 25～75 个百分位数）表示分布。

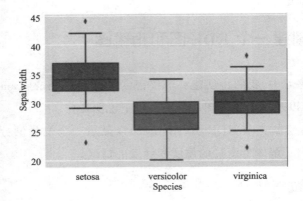

图 4.23　Iris DataFrame 的箱线图

测试 11：Spark 中的图

在这个测试中，我们将使用 Python 的绘图库，通过不同类型的绘图直观地探索数据。对于这个测试，我们使用了来自 Kaggle 的 **mtcars** 数据集。

1. 在 Jupyter Notebook 中导入所有必须的软件包和库。
2. 将数据从 **mtcars** 数据集读入到 Spark 对象中。
3. 使用直方图可视化数据集中的任何连续数值变量的离散频率分布，如图 4.24 所示。

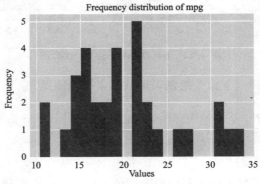

图 4.24　Iris DataFrame 的直方图

4. 使用饼图可视化数据类别的百分比份额,如图 4.25 所示。

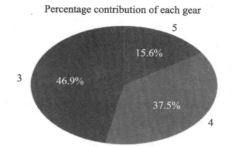

图 4.25　Iris DataFrame 的饼状图

5. 使用箱线图绘制连续变量在分类变量类别中的分布,如图 4.26 所示。

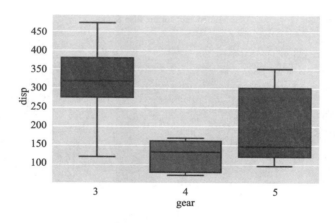

图 4.26　Iris DataFrame 的箱线图

6. 使用折线图可视化连续数字变量的值,如图 4.27 所示。

7. 在同一折线图上绘制多个连续数字变量的值,如图 4.78 所示。

笔　记

这个测试的解决方案可以在本书后面附录中找到。

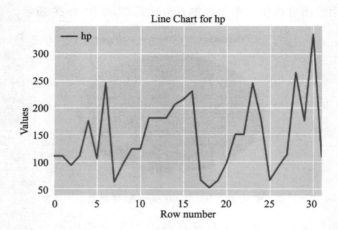

图 4.27 Iris DataFrame 的折线图

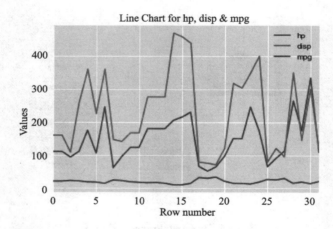

图 4.28 绘制多个连续数值变量的 Iris DataFrame 折线图

4.7 总　结

在本章中，我们介绍了 Spark DataFrame 的基本知识，以及其相对 RDDs 的优势。我们探索了创建 Spark DataFrame，以及将 Spark DataFrame 的内容写入常规的 Pandas DataFrame 和输出文件的不同方法。

第 4 章
Spark DataFrame

　　通过计算 Spark DataFrame 的基本统计数据和度量标准,我们在 PySpark 中尝试了实践数据操作的探索。我们处理 Spark DataFrame 中的数据,并执行数据操作,如过滤、选择和聚合。我们尝试了如何绘制数据以生成完善的可视化图像。

　　此外,我们通过实践练习和测试巩固了我们对各种概念的理解。

　　在第 5 章中,我们将探讨如何处理 PySpark 中缺失的值,并了解变量之间的相关性。

第 5 章　处理缺失值以及相关性分析

学习目标

学习本章,您将学会:

使用 PySpark 检测和处理数据中的缺失值;

描述各变量之间的相关性;

在 PySpark 中比较两个或多个变量之间的相关性;

使用 PySpark 创建相关性矩阵;

在本章中,我们将使用 Iris 数据集处理缺失的数据以及发现数据值之间的内在相关性。

5.1　概　述

在第 4 章中,我们学习了 Spark DataFrame 的基本概念,并了解了如何利用它们来进行大数据分析。

在本章中,我们将进一步了解如何在 Spark DataFrame 中处理缺失数据值和相关性分析——这些概念将帮助我们为机器学习和探索性数据分析做好数据准备。

我们将简要介绍这些概念,可为读者提供一些技术背景,然后学习重点是如何使用 Spark DataFrame 来进行数据分析,同时我们也将使用与上章练习中用到的 Iris 数据集进行相关练习。Iris 数据集没有缺失值,所以我们从原始数据集中随机删除了 Sepallength 列中的两个条目,从 Petallength 列随

第 5 章
处理缺失值以及相关性分析

机删除了一个条目后，有了一个具有缺失值的数据集，再来学习如何使用 PySpark 来处理这些缺失值。

另外，我们还将通过计算 Iris 数据集变量的相关系数和相关性矩阵研究这些数据集中变量之间的相关性。

5.2　设置 Jupyter Notebook

在开始这些练习前，我们需要执行以下步骤：

1. 在 Jupyter Notebook 中导入中所需的模块和软件包。

```
import findspark
findspark.init( )
import pyspark
import random
```

2. 使用以下命令设置 **SparkContext**。

```
from pyspark import SparkContext
sc = SparkContext( )
```

3. 使用以下命令在 Jupyter Notebook 中设置 **SQLContext**。

```
from pyspark.sql import SQLContext
sqlc = SQLContext(sc)
```

笔　记

在执行下一个命令之前，应确保已安装并准备好 Databricks 网站上的 PySpark CSVreader 包。如果没有，请使用以下命令下载：

pyspark - packages com.databricks:spark—csv_2.10:1.4.0

4. 将 Iris 数据集从 CSV 文件中读入 Spark DataFrame。

```
df = sqlc.read.format('com.databricks.spark.csv').options(header = 'true', inferschema = 'true').load('/Users/iris.csv')
```

使用如下命令输出结果。

```
df.show(5)
```

输出结果如图 5.1 所示：

```
+-----------+----------+-----------+----------+-------+
|Sepallength|Sepalwidth|Petallength|Petalwidth|Species|
+-----------+----------+-----------+----------+-------+
|        5.1|       3.5|        1.4|       0.2| setosa|
|        4.9|       3.0|        1.4|       0.2| setosa|
|        4.7|       3.2|        1.3|       0.2| setosa|
|        4.6|       3.1|        1.5|       0.2| setosa|
|        5.0|       3.6|        1.4|       0.2| setosa|
+-----------+----------+-----------+----------+-------+
only showing top 5 rows
```

图 5.1 Iris DataFrame

5.3 缺失值

没有赋值的数据项称为缺失值。在实际工作中，在数据中遇到缺失值的情况很常见，原因各种各样，例如，系统/响应程序没有响应、数据损坏和部分删除。

有些字段比其他字段更有可能包含缺失值。例如，从调查中收集的收入数据很可能包含缺失值，因为一般都不愿披露他们的收入。

出现缺失值这也是困扰数据分析领域的主要问题，缺失值可能是数据准备和探索性分析中的一个重要问题。因此，在开始进行数据分析之前，计算出缺失数据的百分比是很重要的。

在下面的练习中，我们将学习如何检测和计算 PySpark DataFrame 中缺失值项的数量。

练习 38：计算 DataFrame 中的缺失值

在本练习中，我们将学习如何计算 PySpark DataFrame 列中缺失的值。

1. 使用以下命令检查 Spark DataFrame 是否缺少值。

```
from pyspark.sql.functions import isnan, when, count, col
df.select([count(when(isnan(c) | col(c).isNull(),
           c)).alias(c) for c in df.columns]).show()
```

2. 现在,我们将统计在 PySpark DataFrame **df** 对象中加载的 Iris 数据集的 **Sepallength** 列中的缺失值。

```
df.filter(col('Sepallength').isNull()).count()
```

输出结果如下:

2

练习 39:统计 DataFrame 中所有的缺失值

在本练习中,我们将计算在 PySpark DataFrame 所有列中存在的缺失值。

1. 首先,导入所有必要的模块,如下所示。

```
from pyspark.sql.functions import isnan, when, count, col
```

2. 使用以下命令来显示数据。

```
df.select([count(when(isnan(i) | col(i).isNull(), i)).alias(i) for i in df.columns]).show()
```

输出结果如图 5.2 所示:

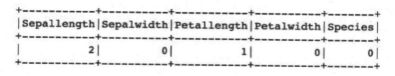

图 5.2　Iris DataFrame,计算缺失值

输出显示,在 PySpark DataFrame 中,在 **Seapllength** 列中缺少 2 项,在

Petallength 列中缺少 1 项。

3. 有一种简单的方法是只使用 **describe( )** 函数,该函数给出了每列的非缺失值的统计数量,以及一堆其他汇总数据。下面我们在 Notebook 中执行以下命令。

```
df.describe( ).show(1)
```

Iris DataFrame 使用不同的方法计算缺失值的输出,如图 5.3 所示。

```
+-------+-----------+-----------+-----------+----------+-------+
|summary|Sepallength|Sepalwidth |Petallength|Petalwidth|Species|
+-------+-----------+-----------+-----------+----------+-------+
|  count|        148|        150|        149|       150|    150|
+-------+-----------+-----------+-----------+----------+-------+
only showing top 1 row
```

图 5.3　Iris DataFrame 使用不同的方法计算缺失值

正如我们所看到的,在 Speallength 列中有 148 个非缺失值,此 2 个缺失值,在 Petallength 列中有 149 个非缺失值,1 个缺失值。

在下一节中,我们将探讨如何从 DataFrame 中查找缺失值。

练习 40:从 DataFrame 中获取缺失值记录

我们还可以使用以下代码从 PySpark DataFrame 中筛选出包含缺失值项的记录。

```
df.where(col('Sepallength').isNull( )).show( )
```

使用 Iris DataFrame 获取缺失值如图 5.4 所示:

```
+-----------+----------+-----------+----------+-------+
|Sepallength|Sepalwidth|Petallength|Petalwidth|Species|
+-----------+----------+-----------+----------+-------+
|       null|       3.0|        1.6|       0.2| setosa|
|       null|       3.4|        1.6|       0.4| setosa|
+-----------+----------+-----------+----------+-------+
```

图 5.4　使用 Iris DataFrame 获取缺失值

Show 函数将显示 PySpark DataFrame 的前 20 条记录。我们在这里只得到 2 个,因为 Sepallength 列只有 2 个缺失项的记录。

5.4 处理 Spark DataFrame 中的缺失值

缺失值处理是数据科学的一个复杂的领域。根据缺失数据的类型和手头的业务用例,我们总结出多种用于处理缺失值的技术。

这些方法的范围包括简单的基于逻辑的方法和高级的统计方法,如回归和 KNN。然而,不管使用哪种方法处理缺失值,我们最终都将对缺失值数据执行其中的一个操作。

从数据中删除具有缺失值的记录;

用一些常量值输入缺失值项。

下面将探讨如何使用 PySpark DataFrame 执行这两种操作。

练习 41:从 DataFrame 中删除缺失值的记录

在本练习中,我们将删除包含 PySpark 数据帧中缺失值项的记录。让我们来执行以下步骤。

1. 如要从特定列中删除缺失值,请使用以下命令。

df.select('Sepallength').dropna( ).count( )

前面的代码将返回 **148** 作为输出,因为包含 sepallength 列缺失项的两个记录已从 PySpark DataFrame 中删除。

2. 如要从 PySpark DataFrame 中删除包含任何缺失值条目的所有记录,请使用以下命令。

df.dropna( ).count( )

DataFrame 有 3 个缺失值的记录,正如我们在练习 2 中看到的:统计所有 DataFrame 列中的缺失值——**Sepallength** 列有 2 个缺失值的记录,**Petal-**

length 列有一个缺失值的记录。

前面的代码删除了所有的 3 条记录,从而在 PySpark DataFrame 中返回 147 条完整记录。

练习 42:在 DataFrame 中使用常量填充缺失值

在本练习中,我们将用 PySpark 的常数值替换 DataFrame 列中的缺失值。

DataFrame 在两列(**Sepallength** 和 **Petallength**)中缺少一些值。

1. 现在,让我们将这两列中缺失值项替换为常数值 **1**。

```
y = df.select('Sepallength','Petallength').fillna(1)
```

2. 计算一下我们刚刚创建的新 DataFrame **y** 中缺失的值。新的 DataFrame 应该没有缺失值。

```
y.select([count(when(isnan(i) | col(i).isNull( ), i)).alias(i) for i in y.columns]).show( )
```

输出结果如图 5.5 所示:

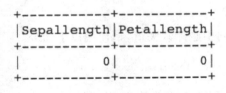

图 5.5 Iris DataFrame,查找缺失值

也可以用一个常量值替换 DataFrame 中所有缺失值。

3. 使用以下命令将 PySpark 数据帧中缺失的所有值替换为常数值 1。

```
z = df.fillna(1)
```

4. 此时,计算一下我们刚刚创建的新 DataFrame **z** 中的缺失值。新的 DataFrame 中应该没有缺失值。

```
z.select([count(when(isnan(k) | col(k).isNull( ), k)).alias(k) for k in z.
columns]).show( )
```

输出结果如图 5.6 所示：

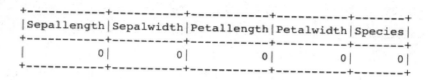

图 5.6　Iris DataFrame，输出缺失值

5.5　相关性

相关性是对两个数值变量之间关联水平的统计。它让我们了解了两个变量之间的关系的密切程度。例如，年龄和收入是密切相关的变量。通常，平均收入在一定范围内随着年龄的增长而增长。因此，我们可以假设年龄和收入之间是正相关的。

笔　记

然而，相关性并不建立一种 **cause-effect** 关系。**Cause-effect** 关系意味着一个变量的变化会导致另一个变量的变化。

计算这种关联最常用的指标是 **Pearson Product-Moment Correlation**，通常称为 **Pearson correlation coefficient** 或是简称为相关系数。它是以其发明者 Karl Pearson 的名字命名的。

皮尔逊相关系数是用两个变量的协方差除以它们的标准差的乘积来计算。相关值位于 -1 和 $+1$ 之间，值接近 1 或 -1 表示强关联，值接近 0，表示弱关联。该系数的符号（＋，－）告诉我们这个关联是正的（两个变量一起增加/减少）还是负的（反之）。

笔 记

> 相关性只考虑了变量之间的线性关联。所以，如果关联是非线性的，相关系数就无法分析它。实际上，两个无关变量的相关系数较低或为零，但相关值为零/低的变量不一定无关。

相关性在统计分析中非常重要，因为它有助于分析数据，有时还可以突出变量之间的预测关系。接下来，我们将学习如何在 PySpark 中计算变量之间的相关性和相关矩阵。

练习 43：计算相关性

在本练习中，我们将计算两个数值变量之间的皮尔逊相关系数的值和 PySpark DataFrame 的所有数值列的相关矩阵。相关矩阵可帮助我们可视化所有数值列之间的相关性。

1. 执行以下步骤，计算两个变量之间的相关性。

```
df.corr('Sepallength', 'Sepalwidth')
```

前面的代码输出了上述两个变量之间的皮尔逊相关系数——-0.1122503554120474。

2. 导入相关模块，如下所示。

```
from pyspark.mllib.stat import Statistics
import Pandas as pd
```

3. 使用以下命令从数据中删除所有缺失值。

```
z = df.fillna(1)
```

4. 若要在计算相关矩阵之前删除所有非数值列，请使用以下命令。

```
a = z.drop('Species')
```

第 5 章
处理缺失值以及相关性分析

5. 用以下命令计算相关矩阵。

```
features = a.rdd.map(lambda row: row[0:])
correlation_matrix = Statistics.corr(features, method="pearson")
```

6. 如要将矩阵转换为 Pandas DataFrame 以便可视化,请执行以下命令。

```
correlation_df = pd.DataFrame(correlation_matrix)
```

7. 使用原始 PySpark DataFrame 的列名重命名 Pandas DataFrame 的索引。

```
correlation_df.index, correlation_df.columns = a.columns, a.columns
```

8. 此时,用以下命令来可视化 Pandas DataFrame。

```
correlation_df
```

输出如图 5.7 所示:

	Sepallength	Sepalwidth	Petallength	Petalwidth
Sepallength	1.000000	-0.115616	0.792472	0.745084
Sepalwidth	-0.115616	1.000000	-0.427570	-0.366126
Petallength	0.792472	-0.427570	1.000000	0.962741
Petalwidth	0.745084	-0.366126	0.962741	1.000000

图 5.7 使用 Iris DataFrame,计算相关性

测试 12:使用 PySparkDataFrames 进行缺失项处理和相关性分析

在本测试中,我们将检测并处理 Iris 数据集中的缺失值,计算相关矩阵,并通过绘制变量之间相关性图表,以及在图上拟合线性线验证显示出强相关性的变量。

1. 在 Jupyter Notebook 中执行导入软件包和程序库的初始程序。
2. 设置 Spark Context 和 SQLContext。
3. 将 CSV 文件中的数据读入到 Spark 对象中,如图 5.8 所示:

```
+-----------+----------+-----------+----------+-------+
|Sepallength|Sepalwidth|Petallength|Petalwidth|Species|
+-----------+----------+-----------+----------+-------+
|        5.1|       3.5|        1.4|       0.2| setosa|
|        4.9|       3.0|        1.4|       0.2| setosa|
|        4.7|       3.2|        1.3|       0.2| setosa|
|        4.6|       3.1|        1.5|       0.2| setosa|
|        5.0|       3.6|        1.4|       0.2| setosa|
+-----------+----------+-----------+----------+-------+
only showing top 5 rows
```

图 5.8　Iris DataFrame,从 DataFrame 中读取数据

4. 用其列平均值填充剩余函数列中缺失值。
5. 计算数据集的相关矩阵。请确保已导入所需的模块。
6. 从 PySpark DataFrame 中删除 **String** 列,并计算 Spark DataFrame 中相关矩阵。
7. 将相关矩阵转换为一个 Pandas 的 DataFrame,如图 5.9 所示:

	Sepallength	Sepalwidth	Petallength	Petalwidth
Sepallength	1.000000	-0.113841	0.861480	0.807310
Sepalwidth	-0.113841	1.000000	-0.427570	-0.366126
Petallength	0.861480	-0.427570	1.000000	0.962741
Petalwidth	0.807310	-0.366126	0.962741	1.000000

图 5.9　Iris DataFrame,将相关矩阵转换为 Pandas DataFrame

8. 加载所需的模块并绘制数据,以绘制显示强正相关的变量对,并在其上拟合一条线性线。

图 5.10 是使用 Iris DataFrame 绘制 x = "Sepallength",y = "Petallength"的图:

第 5 章
处理缺失值以及相关性分析

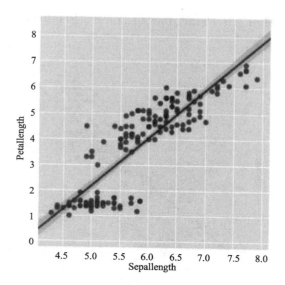

图 5.10 x="Sepallength", y="Petallength"

图 5.11 是使用 Iris DataFrame 绘制 x="Sepallength", y="Petallwidth"的图:

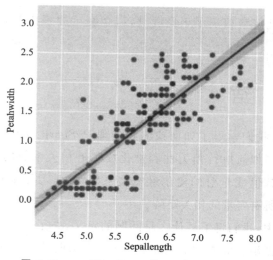

图 5.11 x="Sepallength", y="Petalwidth"

图 5.12 是使用 Iris DataFrame 绘制 $x=$ "Petallength", $y=$ "Petalwidth"的图：

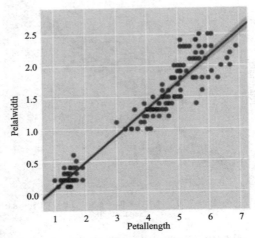

图 5.12　$x=$ "Petallength", $y=$ "Petalwidth"

笔　记

> 您可以将任何数据集用于此测试,这个测试的解决方案可以在附录中找到。

5.6　总　结

在本章中,我们学习了如何检测和处理 PySpark DataFrame 中的缺失值。我们研究了如何执行相关性和量化皮尔逊相关系数的指标。之后,我们计算了不同数值变量对的皮尔逊相关系数,并学习了如何计算 PySpark DataFrame 中所有变量的相关矩阵。

在第 6 章中,我们将了解什么是问题的定义,并了解如何生成 KPI。我们还将使用数据聚合和数据合并的操作(在本书前几章中了解到的),并使用图表来分析数据。

第6章 进行探索性数据分析

学习目标

学习本章,您将学会:

用 Jupyter Notebook 实现再现性的概念;

以可复制的方式执行数据收集;

实施适当的代码惯例和标准,以保持分析的可重复性;

通过使用 IPython 脚本来避免重复工作。

在本章中,我们将了解什么是问题缺陷,以及如何使用 KPI 分析技术从数据中实现连贯和全面的分析。

6.1 概　述

进行探索性数据分析是很最重要的,也是数据科学项目的第一步,是理解和定义一个商业问题。但是,这不仅是声明或书面报告重复现有的问题。为了详细调查商业问题,并定义其权限范围,我们可以使用现有的商业度量解释与之相关的模式,或者量化和分析历史数据,并生成新的度量指标。这些确定的指标是关键绩效指标(Key Performance Indication,KPI),它可衡量手头的问题,并向商业利益相关者传达问题的影响力度。

本章将介绍关于数据分析理解和定义的商业问题,识别与之相关的关键度量,以及学习通过 Panda 和类似的库识别和生成的 KPI 来进行描述性分析。本章还将介绍如何通过结构化的方法和方法规划数据科学项目,包括如何使用图表和可视化技术说明问题。

6.2 定义商业问题

数据科学中的商业问题是商业实体经营所面临的长期或短期挑战，它可以阻止商业目标的实现，并作为增长和可持续性的约束因素。而这种现象可以通过一种有效的数据驱动决策系统来抑制。如一些典型的数据科学商务问题是预测未来一周对消费品的需求，优化第三方（third-party logistics，3PL）的物流操作，以及识别保险索赔中的欺诈性交易。

数据科学和机器学习并不是能够通过将数据输入预先构建的算法来解决这些商业问题的神奇技术。它们在创建端到端分析项目所需的方法和设计方面是复杂的。

当企业需要这样的解决方案时，如果对最终目标没有明确的理解，您可能会陷入形成需求差距的情况。这时强有力的基础是定量地定义商务问题，然后根据需求实施范围和解决方案。

以下是一些常见的数据科学有关的用例，它们将提供一个关于当今行业所面临的常见业务问题的一些想法，这些问题可以通过数据科学和分析来解决。

不准确的需求/收入/销售的预测；

客户转化率、客户流失率和保留率较差；

贷款行业和保险行业的欺诈和定价；

对客户和供应商/分销商的评分无效；

交叉销售/追加销售的推荐系统无效；

不可预测的机器故障和维护；

通过文本数据进行客户情绪/情感分析；

需要进行非结构化数据分析的重复性任务的非自动化性。

我们都知道，在过去的几年里，在技术和创新格局的推动下，行业已经发生了巨大的变化。随着技术发展的步伐，成功的企业随之做出改变，这导致了高度发展和复杂的商务挑战和问题。在这样的动态环境中理解新的商务问题并不是一个简单的过程。不过，根据具体应用案例发现，商务问题可能会改变，解决方法也会改变。然而，该方法可以在很大程度上得到更好的推广。

以下是定义和结束商务问题的一种广泛的分步方法，在下一节中，我们会提供每个步骤的详细描述。

问题识别。

需求收集。

数据管道和工作流。

确定可测量的指标。

文档和展示。

笔　记

> 目标变量或研究变量，被用作数据集中用于研究商务问题的属性/变量/列，也被称为 因变量（Dependent variable，DV），分析中考虑的所有其他属性被称为自变量（Independent variables，IVs）。

6.2.1　问题识别

下面我们从一个用例开始学习，例如一个资产管理公司（Asset Management Company，AMC）在共同基金领域有一个强大的客户获取持有率，也就是说，针对正确的客户，通过数据科学解决方案，寻求更高的客户保留率，以提高平均客户收入和优质化客户的钱包份额。

在这里，商务问题是如何增加来自现有客户的收入，并增加他们的钱包份额的呢？

问题陈述是"我们如何通过客户保留率分析来提高平均客户收入，并增加优质客户的钱包份额？"总结如上述的问题将是定义一个商务问题的第一步。

6.2.2 需求收集

一旦问题被发现,请与您的客户进行逐点讨论,其中可以包括主题专家(Subject matter expert,SME)或精通此问题的人。

大家应努力从他们的角度理解问题,并从不同的角度询问问题,理解他们的需求,并总结如何从现有的历史数据中来定义问题。

有时,当发现客户自己也不能很好地理解这个问题。在这种情况下,您应该与您的客户一起设计出双方都满意问题的定义。

6.2.3 数据管道和工作流

在您详细理解了问题之后,接下来是描述问题的可量化指标,并达成一致的阶段,也就是说,在用于进一步分析的指标方面与客户达成一致。从长远来看,这将为您避免很多问题。

这些指标可以与用于跟踪业务性能的现有系统一致,或者可以从其历史数据中获得新的指标。

当您研究跟踪问题的指标情况时,用于识别和量化问题的数据可能来自多个数据源、数据库、遗留系统、实时数据等。参与此问题的数据者必须密切关注与客户的数据管理团队配合,提取和收集所需的数据,并将其引入分析工具中,之后进行进一步分析。这需要有一个强大的数据获取管道,以对获取的数据进行进一步分析,从而确定其重要属性以及它们如何随时间变化而生成 KPI。此时也是客户参与的一个关键阶段,与团队一起进行操作将使工作变得更容易。

6.2.4 识别可测量的指标

一旦通过数据管道收集了所需的数据,我们就可以开发描述性模型来分析历史数据,并生成对商务问题处理的见解。描述性模型/分析(Descriptive models/ analytics)都是关于通过时间趋势分析和数据分析的密度分布等方法了解过去发生了什么。为此,需要研究历史数据中的几个属性,以深入了解哪些数据属性与当前问题相关。

如上一个案例所述,AMC 就是一个例子,它可寻找针对其关于客户保留率的特定商务问题的解决方案。下面我们将介绍如何使用生成 KPI 来理解保留率的问题。

接下来,我们将挖掘历史数据来分析以前投资的客户交易模式,并从中获得 KPI。数据研究者必须根据这些 KPI 在解释问题的可变性方面的相关性和效率来做开发工作,在本用例中,也可以基于客户的保留率进行开发。

6.2.5 文档和展示

最后一步是记录已确定的 KPI、它们的大趋势以及它们是如何长期影响业务的。在前面的客户保留率案例中,所有这些指标——关系的长度、平均交易频率、客户流失率——都可以作为 KPI,并用于定量地解释问题。

我们来观察流失率的趋势,假设在这用例中,我们用图表表示,在过去几个月流失率增加的趋势,客户就可以很容易地理解预测性流失分析的重要性,它在顾客流失之前识别客户流失,并以更强的保留率为目标。

这时,需要向客户展示具有建立保留系统的潜力,以便进行 KPI 的文档和图表表示,确定的 KPI 及其模式的变化需要记录,并呈现给客户。

6.3 将商业问题转化为可测量的度量标准和进行探索性数据分析(Exploratory Data Analysis,EDA)

如果我们遇到了特定的商业问题,我们需要确定该商业问题的 KPI,并研究与之相关的数据。除了生成与问题相关的 KPI 外,还要通过探索性数据分析（**EDA**）方法研究其趋势和量化问题。

探索 KPI 的方法如下：

数据采集；

数据生成分析；

KPI 可视化；

研究特征重要性。

6.3.1 数据采集

分析问题所需的数据是定义商务问题的一部分。但是，从数据中选择的属性会根据商务问题改变而变化。请考虑以下示例。

如果进行推荐引擎或客户的流失率分析，我们需要查看历史购买情况，并了解客户数据（Know Your Customer，KYC），以及其他相关数据；

如果它与预测需求有关，我们需要查看其每日销售数据；

能够得出的结论是，所需的数据因不同问题而不断变化。

6.3.2 数据生成分析

接下来要从可用的数据源中确定与所定义问题相关的指标。除了数据的预处理，有时我们还需要调整数据生成度量，或者它们可以在给定的数据中直接得到。

例如，假设我们正在查看监督分析，预测维护问题（预测分析被用来预测在运行设备或机器故障前的状况），这时，需要使用传感器或计算机生成日志数据。虽然日志数据是非结构化的，但我们可以识别哪些日志文件能解释机械故障，哪些不能。非结构化数据中没有列或行，例如，它可以是 XML 或类似的格式。计算机生成的日志数据就是一个用例。这些数据需要转换为列和行，或者使它们结构化，或者标记它们，即通过将数据转换为行和列为数据提供列名。

另一个用例是识别客户的流失率,并预测未来可能流失的客户,我们有购买的交易数据与每次购买相关的特征。在这里,我们要处理数据,并转换当前数据,以从所有与购买相关的数据中确定哪些客户已经流失,哪些没有。

为了更好地解释这一点,在原始数据中,每个客户可能有许多购买记录,包括购买日期、购买的单位、价格等。无论客户是否流失(流失意味着停止使用产品或服务的客户),所有与客户相关的购买都需要确定为一行,并包含所有相关信息。

在这里,我们将为客户生成一个 KPI:流失(churned)或未流失(not churned)的属性,并为所有客户生成类似的属性。定义商务问题的已标识的变量是目标变量。目标变量也被称为响应变量(responsible variable)或因变量(dependent variable)。在本章的练习中:要生成目标变量的特征重要性并执行 EDA 中,通过流失(churn)属性对其进行捕获和定义。

6.3.3 KPI 可视化

为了理解 KPI 中的趋势和模式,需要通过交互式可视化技术表示它们。我们可以使用不同的方法,如箱线图、时间趋势图、密度图、散点图、饼图和热图。我们将在本章的练习中学习:生成目标变量的特征重要性,并在执行 EDA 中了解更多内容。

6.3.4 特征重要性

一旦确定了目标变量,就需要研究数据中的其他属性及其在解释目标变量的可变性方面的重要性。为此,我们使用关联性、方差性和相关性的方法建立与其他变量(解释变量(explanatory variable)或自变量(independent variable))的目标变量的关系。

可以根据研究中变量的类型选用各种特征重要性的方法和算法,如皮尔逊相关性、卡方检验,以及基于基尼变量重要性、决策树和 Boruta 等的算法。

笔 记

> 目标变量(target variable)或研究变量(study variable),被用作数据集中的属性/变量/列,也被称为因变量(dependent variable,DV),在分析中考虑的所有其他属性都被称为自变量(independent variables,IVs)。

在接下来的练习中,我们将介绍使用 KPI 可视化的数据(合并或组合多个数据源获得一个数据集以进行分析)生成,在接下来的练习中,我们将介绍特征重要性是什么。

练习 44:从给定的业务问题数据中确定目标变量和相关 KPI

我们以银行部门中的订阅问题为用例进行介绍。我们将使用来自一家葡萄牙银行机构的直接营销测试的数据,客户开立定期存款或不定期存款。每个组织都以不同的方式描述或定义订阅问题。在大多数情况下,将订阅服务(此处为定期存款)的客户对服务或产品具有更高的转化潜力(即从潜在客户转化为客户)。因此,在这个问题中,订阅指标,即历史数据的结果被视为目标变量或 KPI。

我们将使用描述性分析探索数据中的趋势。我们将首先识别和定义目标变量(这里指订阅或未订阅)和相关的 KPI。

1. 从相关在线资源中下载 bank.csv 数据。
2. 为练习(packt_exercise)创建一个文件夹,并将下载的数据保存在那里。
3. 启动 Jupyter Notebook,并导入所需的所有库。现在,使用 os.chdir( ) 功能设置工作目录。

```
import numpy as np
```

```
import Pandas as pd
import seaborn as sns
import time
import re
import os
import matplotlib.pyplot as plt
sns.set(style = "ticks")
os.chdir("/Users/svk/Desktop/packt_exercises")
```

4. 使用以下代码读取 CSV 并探索数据集。

```
df = pd.read_csv('bank.csv', sep = ';')
df.head(5)
print(df.shape)
df.head(5)
df.info( )
df.describe( )
```

5. 在执行上一个命令后,您将得到类似于图 6.1 内容的输出。

	age	balance	day	duration	campaign	pdays	previous
count	4521.000000	4521.000000	4521.000000	4521.000000	4521.000000	4521.000000	4521.000000
mean	41.170095	1422.657819	15.915284	263.961292	2.793630	39.766645	0.542579
std	10.576211	3009.638142	8.247667	259.856633	3.109807	100.121124	1.693562
min	19.000000	-3313.000000	1.000000	4.000000	1.000000	-1.000000	0.000000
25%	33.000000	69.000000	9.000000	104.000000	1.000000	-1.000000	0.000000
50%	39.000000	444.000000	16.000000	185.000000	2.000000	-1.000000	0.000000
75%	49.000000	1480.000000	21.000000	329.000000	3.000000	-1.000000	0.000000
max	87.000000	71188.000000	31.000000	3025.000000	50.000000	871.000000	25.000000

图 6.1 银行 DataFrame

在研究目标变量(已订阅或未订阅)时,查看它的分布情况是很重要的。此数据集的目标变量类型是分类的或是多类的。在这种情况下,它是二进制的(是/否)。

当分布偏态于一个类时,被称为变量不平衡。我们可以用条形图研究目标变量的比例。这让我们知道每个类有多少个(在这种情况下,每个类有多少个"否"和"是")。否(no)的比例远远高于是(yes),这就是数据的不平衡。

6. 执行以下命令,为给定数据绘制条形图。

```
count_number_susbc = df["y"].value_counts( )
sns.barplot(count_number_susbc.index, count_number_susbc.values)
df['y'].value_counts( )
```

输出结果如图6.2所示:

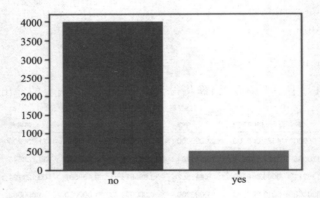

图 6.2　条形图

7. 此时,选取每个变量,看看它们的分布趋势。下面的直方图是数据集中的"**age**"列(属性)。直方图/密度图是探索数值/浮点变量的好方法,类似于条形图,利用可分类数据变量。在这里,我们将展示两个数字变量:年龄(**age**)和平衡(**balance**),例如,使用直方图以及两个分类变量教育(**education**)和月份(**month**)。

```
# histogram for age (using matplotlib)
plt.hist(df['age'], color = 'grey', edgecolor = 'black',bins = int(180/5))

# histogram for age (using seaborn)
```

```
sns.distplot(df['age'], hist = True, kde = False,bins = int(180/5), color =
'blue',hist_kws = {'edgecolor':'black'})
```

直方图如图 6.3 所示：

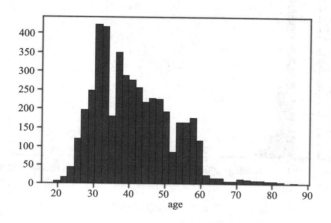

图 6.3　年龄的直方图

8. 使用以下命令在数据集中绘制平衡属性的直方图。

```
# histogram for balance (using matplotlib)
plt.hist(df['balance'], color = 'grey', edgecolor = 'black',bins =
int(180/5))
# histogram for balance (using seaborn)
sns.distplot(df['balance'], hist = True, kde = False,bins = int(180/5), color
= 'blue',hist_kws = {'edgecolor':'black'})
```

平衡直方图如图 6.4 所示：

9. 使用以下代码，为数据集中的教育属性绘制一个条形图。

```
# barplot for the variable 'education'
count_number_susbc = df["education"].value_counts( )
sns.barplot(count_number_susbc.index, count_number_susbc.values)
df['education'].value_counts( )
```

教育条形图如图 6.5 所示：

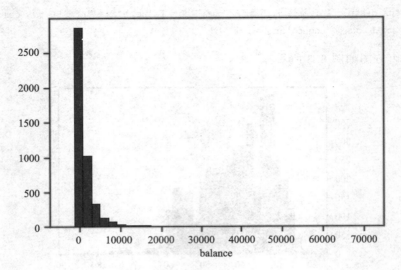

图 6.4 平衡的直方图

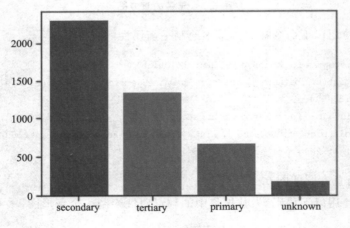

图 6.5 教育的条形图

10. 使用以下命令为数据集的月份属性绘制条形图。

```
# barplot for the variable 'month'
count_number_susbc = df["month"].value_counts()
sns.barplot(count_number_susbc.index, count_number_susbc.values)
```

```
df['education'].value_counts( )
```

月份条形图图表绘制如图 6.6 所示：

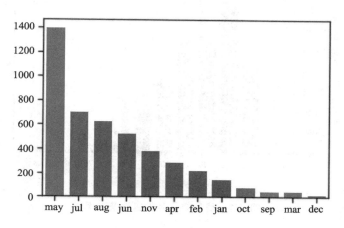

图 6.6　月份的条形图

11. 下一个任务是为目标变量的每个类生成分布,并比较其分布,然后绘制目标变量（是/否）的年龄属性的直方图。

```
# generate separate list for each subscription type for age
x1 = list(df[df['y'] == 'yes']['age'])
x2 = list(df[df['y'] == 'no']['age'])
# assign colors for each subscription type
colors = ['#E69F00', '#56B4E9']
names = ['yes', 'no']
# plot the histogram
plt.hist([x1, x2], bins = int(180/15), density = True,
color = colors, label = names)
# plot formatting
plt.legend( )
plt.xlabel('IV')
plt.ylabel('prob distr (IV) for yes and no')
plt.title('Histogram for Yes and No Events w.r.t. IV')
```

月份属性的目标变量条形图如图 6.7 所示：

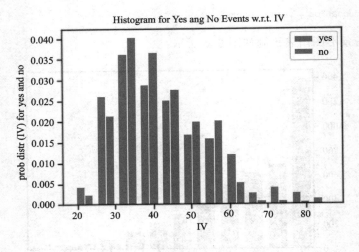

图 6.7 目标变量月份属性条形图

12. 此时,使用以下命令,为按月份分组的目标变量绘制条形图。

```
df.groupby(["month","y"]).size().unstack().plot(kind = 'bar', stacked = True,
    figsize = (20,10))
```

按月份分组图表绘制如图 6.8 所示:

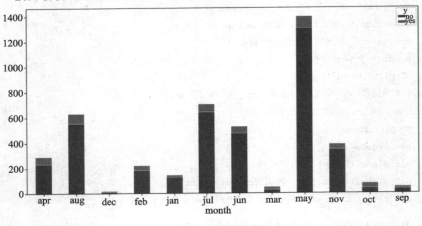

图 6.8 按月份分组的直方图

第6章 进行探索性数据分析

在本练习中,我们研究了建立 KPI 和目标变量——数据收集和分析数据(通过合并多个数据源以获得数据集进行分析)生成的数据。KPI 和目标变量已经确定——KPI 可视化。在下一个练习中,我们将确定哪些变量在解释目标变量的方差方面是重要的——特征重要性。

练习 44:生成目标变量的特征重要性和执行 EDA

在前面的练习中,我们研究了属性的趋势,确定了它们的分布情况,以及如何使用各种图和可视化方法处理问题。在解决建模问题之前,无论是预测问题还是分类问题(例如,从之前的营销测试数据中预测转换概率最高的未来客户),我们必须预处理数据,并选择将影响订阅测试输出模型的重要特征。为了做到这一点,我们必须看到属性与结果(目标变量)之间的关联,也就是说,每个变量可以解释多少目标变量的可变性。

变量之间的关联可以使用多种方法绘制;然而,我们在选择一种方法/算法时必须考虑数据类型。例如,如果我们正在研究数值变量(有序的整数、浮点数等),我们可以使用相关分析法;如果我们正在研究具有多个类的分类变量,我们可以使用卡方方法。有许多算法可以同时处理这两种情况,并提供可衡量的结果比较变量的重要性。

在本练习中,我们将讨论如何使用各种方法识别特征的重要性。

1. 下载 bank.csv 文件,并使用以下命令读取数据。

```
import numpy as np
import Pandas as pd
import seaborn as sns
import time
import re
import os
import matplotlib.pyplot as plt
sns.set(style = "ticks")

# set the working directory # in the example, the folder
```

```
# 'packt_exercises' is in the desktop
os.chdir("/Users/svk/Desktop/packt_exercises")

# read the downloaded input data (marketing data)
df = pd.read_csv('bank.csv', sep = ';')
```

2. 使用以下命令开发一个相关矩阵识别各变量之间的相关性。

```
df['y'].replace(['yes','no'],[1,0],inplace = True)
df['default'].replace(['yes','no'],[1,0],inplace = True)
df['housing'].replace(['yes','no'],[1,0],inplace = True)
df['loan'].replace(['yes','no'],[1,0],inplace = True)
corr_df = df.corr( )
sns.heatmap(corr_df, xticklabels = corr_df.columns.values, yticklabels
= corr_df.columns.values, annot = True, annot_kws = {'size':12})
heat_map = plt.gcf( ); heat_map.set_size_inches(10,5)
plt.xticks(fontsize = 10); plt.yticks(fontsize = 10); plt.show( )
```

所绘制的相关矩阵如图6.9所示：

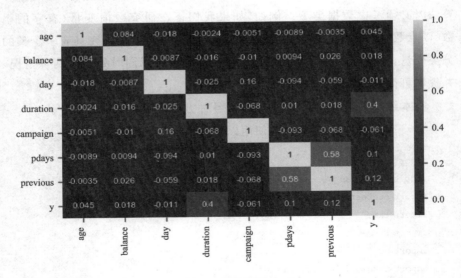

图6.9 相关矩阵

第 6 章
进行探索性数据分析

笔 记

> 这里采用相关分析方法（Correlation analysis）分析了数值变量之间的关系。接下来，我们将学习如何把目标变量转换为二进制值，并研究它是如何与其他变量相关联的。

矩阵中的相关数值可以从 −1 到 +1，其中接近 0 表示没有关系，−1 表示一个变量随着另一个变量的增加而减少（负相关），+1 表示随着一个变量的增加，另一个变量也增加（正相关）。

自变量（除目标变量外的所有变量）之间的高相关性会导致变量间的多重共线性，从而影响预测模型的准确性。

笔 记

> 如果还没有安装 boruta，请确保使用以下命令安装：
> pip install boruta -- upgrade

3. 基于 Boruta（一种包装算法）构建特征重要性输出。

```
# import DecisionTreeClassifier from sklearn and
# BorutaPy from boruta

import numpy as np
from sklearn.ensemble import RandomForestClassifier
from boruta import BorutaPy

# transform all categorical data types to integers (hot-encoding)
for col_name in df.columns:
    if(df[col_name].dtype == 'object'):
        df[col_name] = df[col_name].astype('category')
        df[col_name] = df[col_name].cat.codes

# generate separate dataframes for IVs and DV (target variable)
```

```
X = df.drop(['y'], axis = 1).values
Y = df['y'].values
# build RandomForestClassifier, Boruta models and
# related parameter
rfc = RandomForestClassifier(n_estimators = 200, n_jobs = 4, class_
weight = 'balanced', max_depth = 6)
boruta_selector = BorutaPy(rfc, n_estimators = 'auto', verbose = 2)
n_train = len(X)

# fit Boruta algorithm
boruta_selector.fit(X, Y)
```

输出结果如图 6.10 所示：

```
Iteration:    1 / 100
Confirmed:    0
Tentative:    16
Rejected:     0
Iteration:    2 / 100
Confirmed:    0
Tentative:    16
Rejected:     0
Iteration:    3 / 100
Confirmed:    0
Tentative:    16
Rejected:     0
Iteration:    4 / 100
Confirmed:    0
Tentative:    16
Rejected:     0
Iteration:    5 / 100
Confirmed:    0
Tentative:    16
Rejected:     0
Iteration:    6 / 100
Confirmed:    0
Tentative:    16
Rejected:     0
Iteration:    7 / 100
```

图 6.10　拟合 Boruta 算法

4. 检查以下特征的等级。

```
feature_df = pd.DataFrame(df.drop(['y'], axis = 1).columns.tolist( ),
columns = ['features'])
feature_df['rank'] = boruta_selector.ranking_
feature_df = feature_df.sort_values('rank', ascending = True).reset_
index(drop = True)
sns.barplot(x = 'rank',y = 'features',data = feature_df)
feature_df
```

输出结果如图 6.11 所示：

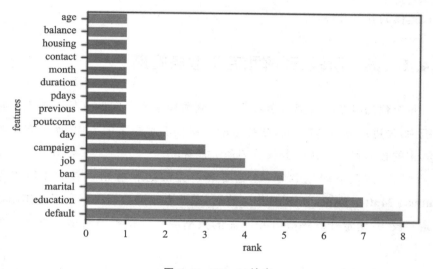

图 6.11　Boruta 输出

6.4　数据科学项目生命周期的结构化方法

在开始管理数据科学项目时，需要采用一种有效的方法论规划项目，并考虑潜在的扩展、维护和团队结构。我们已经学会了如何定义一个商务问题，并使用可测量的参数量化它，因此下一阶段我们来学习项目计划相关知识，包括解决方案的开发，以及可消耗业务应用程序的部署。

本主题结合了数据科学项目生命周期管理的用例，将一些最佳行业实践结构化地汇总在一起。这是一个理想化的方法，但是，在实际应用中，顺序可以根据所需解决方案的类型而改变。

通常,一个单一模型部署的数据科学项目大约需要三个月,也可能会增加到六个月,甚至一年。定义从数据到部署的流程是减少部署时间的关键。

数据科学项目生命周期的各个阶段如下:

理解和定义业务问题。

数据访问和发现。

数据工程和预处理。

建模的开发和评估。

6.4.1 第一阶段:理解和定义业务问题

每个数据科学项目都从学习业务领域和构建业务问题开始。在大多数组织中,先进的分析和数据科学技术的应用是羽翼未丰的方向,而大多数参与其中的数据科学家对业务领域的理解很有限。

为了了解业务问题和领域,需要确定关键的利益相关者和主题专家(**Subject Matter Experts,SMEs**)。然后,主题专家和数据科学家相互作用做初始假设,并确定开发解决方案所需的数据源。这是理解数据科学项目的第一阶段。

一旦我们遇到一个结构良好的业务问题,并确定了所需的数据以及数据源,就可以启动下一阶段——数据发现。第一阶段对于建立坚实的基础以确定范围化和解决方案方法至关重要。

6.4.2 第二阶段:数据访问与发现

这个阶段包括识别数据源,构建数据管道和数据工作流,以便获取数据。解决方案的性质和相关数据在结构、速度和体积方面可能因问题而异。

在这个阶段,确定如何从数据源获取数据是很重要的。这可以通过访问凭证使用数据库的直接连接器(Python 上可用的库),获得提供数据访问权限的 API,直接从网络资源中爬取数据,甚至可以是用于初始原型开发提供的数据转储。一旦建立了获取数据的强大的数据管道和工作流程,数据科学家就可以了解数据,分析数据(通过合并多个数据源以获得一个数据集而生成的数据)。

6.4.3 第三阶段:数据工程和预处理

数据的预处理意味着将原始数据转换为一种可以由机器学习算法消耗的形式。它本质上是将数据处理成一个适合于进一步分析的结构,或者将数据转换成一种可以用于建模的输入数据的格式。通常,分析所需的数据可以驻留在多个表、数据库中,甚至是外部数据源中。

数据科学家需要从这些数据源中识别所需的属性,合并可用的数据表,以获得分析模型所需的内容。同时,这是一个乏味而耗时的阶段,数据科学家在开发周期中会花费相当大的时间。

数据的预处理包括离群值处理、缺失值计算、缩放特征、将数据映射到高斯(或正态)分布、编码分类数据和离散化等测试中。

为了开发稳定的机器学习模型,进行有效地预处理数据是很重要的。

笔 记

> Python 有几个用于数据预处理的库。Scikit-learn 有许多高效的内置方法进行预处理数据。Scikit-learn 文档可以在相关网站上找到。

我们通过以下测试,了解如何使用预处理技术进行数据工程和预处理,如高斯归一化。

测试 13:对给定数据的数值特征进行高斯分布的映射

在将数据推进到算法中之前,需要进行各种预处理技术来准备数据。

在本练习中,我们进行数据归一化处理,这对于参数模型,如线性回归、逻辑回归等非常重要。

1. 使用 bank.csv 文件,并导入所有所需的软件包和库到 Jupyter Notebook 中。

2. 在 DataFrame 中确定数值型数据。根据数据的类型对数据进行处理,如分类、数字(浮点数或整数)、日期等。要对数字数据进行归一化处理。

3. 进行正态性检验,识别具有非正态分布的特征。

4. 绘制特征概率密度,直观地分析特征的分布。

5. 准备功率变换模型,对识别出的特征进行变换,根据 box - cox 法或 yeo - johnson 法将其转换为正态分布。

6. 将转换应用于新数据(评估数据),使生成的参数与训练数据中识别的特征相同。

笔 记

在进行转换后,多个变量的密度图在前面的图中显示。我们会发现图中特征的分布更接近于高斯分布。

这个测试的解决方案可以在本书后面附录中找到。

转换完成后,再次分析特征的正态性,查看效果。我们可以看到,在转换之后,一些特征可以不拒绝原假设(即分布仍然不是高斯分布),几乎所有特征都具有更高的 p 值(请参阅本测试的第 2 点)。生成转换的数据后,我们将其绑定到原数值数据中。

6.4.4 第四阶段:模型开发

一旦我们拥有了经过清理和预处理的数据,就可以将其引入机器学习算法中进行探索性或预测性分析,或用于其他应用程序。应尽可能设计解决问题的方法,但无论是分类、关联或回归问题,必须确定需要为数据考虑的特定算法。例如,如果是分类问题,它可能是决策树、支持向量机或具有多层的神经网络。

为了建模,需要将数据分为测试数据和训练数据。该模型是在训练数据时开发的,其性能(准确性/错误)也是在测试数据时评估的。选择好算法后,数据科学家需要调整与之相关的参数,以开发稳健的模型。

6.5 总　　结

在本章中,我们学习了如何从数据科学的角度通过定义明确的结构化方法来定义业务问题。我们首先了解了如何处理业务问题,如何从利益相关者和业务专家那里收集需求,以及如何通过开发一个初始假设来定义业务问题。

一旦通过数据管道和工作流定义了业务问题,我们就要研究如何对收集的数据进行分析,以生成KPI,并进行描述性分析,进而通过各种可视化技术识别历史数据中的关键趋势和模式。

我们还了解了数据科学项目的生命周期是如何构建的,包括从定义业务问题到各种预处理技术和模型开发。在第7章中,我们将学习如何在Jupyter Notebook上实现高再现性,以及它在开发中的重要性。

第 7 章 大数据分析中的再现性

学习目标

学习本章内容,您将学会:

用 Jupyter Notebook 实现再现性;

以可复制的方式进行数据收集;

实施适当的代码应用实践和标准,以保持分析的可重复性;

避免重复使用 IPython 脚本。

在本章中,我们将了解再现性如何在大数据分析中发挥重要作用。

7.1 概 述

在第 6 章中,我们学习了如何从数据科学的角度,通过一种非常结构化的方法来定义业务问题,其中包括如何识别和理解业务需求、解决它的方法,以及如何构建数据管道和执行分析。

在本章中,我们将学习计算工作和实践的再现性,这是当今整个互联网行业以及学术界面临的一个重大挑战,尤其对于不能完全访问的大部分的数据、纯数据集和相关的工作流来说。

今天,大多数研究和技术论文的结论都是对样本数据使用的方法、所用方法的简要介绍以及解决方案的理论方法的总结。这些工作大多缺乏详细的计算和逐步进行的方法。任何了解它的人都可以用这些知识进行复制并完成相同的工作。这是可重复编码的基本特性,其中易于复制代码是关键。

相比之前版本,Notebooks 在总体上有了进步,如可以添加用于详细注

第 7 章
大数据分析中的再现性

释的文本元素，改进了再现过程，这也是 Jupyter 作为 Notebook 的一大优势。

将 Jupyter 的升级开发目的是成为具有开放标准和服务的开源软件，如此可用于跨数十种编程语言的交互式计算服务，包括 Python、Spark 和 R 等。

7.2 Jupyter Notebooks 的再现性

下面我们来学习计算的再现性。如果能够访问用于开发解决方案的源代码，并且用于构建任何相关软件的数据能够产生相同的结果，那么研究、解决方案、原型，甚至开发的简单算法都可以再现。然而，之后科学界在以前由同行开发的工作方面时遇到了一些挑战，主要原因是缺乏相关文档和难以理解的工作流程。

从理解方法到代码级别，缺乏文档的影响可以在每个级别中看到。Jupyter 是改进这个过程、获得更好的再现性和重用已开发代码的最佳工具，包括理解每一行或代码片段做什么，也包括理解和可视化数据。

笔 记

Jon Claerbout 被认为是可再现计算研究之父，在 20 世纪 90 年代早期，他要求他的学生研究开发工作，并创造出可以点击一次即可再生的结果。他认为，已经完成的工作应该保留下来，这样接下来的工作就可以毫无困难地使用早期的经验。在宏观层面上，经济体的增长在很大程度上取决于创新的数量。前面的工作或研究的再现性有助于整体创新性的提高。

下面，让我们看看如何使用 Jupyter Notebook 保持有效的计算再现性。

以下是使用 Python 中的 Jupyter Notebook 实现再现性的较普遍的方法：

详细介绍业务问题；

记录方法和工作流程；

说明数据管道；
解释相关性；
使用源代码版本控制；
模块化流程。
下面让我们简要地探讨和讨论前面提到的主题。

7.2.1 业务问题介绍

Jupyter 笔记本包括文本内容和创建工作流的代码。

首先，我们要对我们已经确定的业务问题进行详细的介绍，并在 Jupyter Notebook 中进行总结，以提供问题的应用要点。包括为什么需要进行这种分析，或者过程的目标是什么等，以及从数据科学的角度确定的业务问题。

7.2.2 记录方法和工作流程

在数据科学研究时，计算工作中可能会出现很多来来回回重复的问题，例如，正在进行的研究，使用的算法类型以及参数的调整等。

一旦最终确定更改方法，这些更改就要被记录下来，以避免重复工作。记录方法和工作流程有助于建立流程。在开发时向代码中添加注释是必要的，并且应随着代码开发过程持续进行，而不是等到开发结束后或者最后才添加注释。在过程结束时，您可能已经忘记了开发中的细节，这可能会导致错误地计算了投入不必要的努力。通过良好的文档记录维护 Jupyter Notebook 的好处如下：

跟踪开发工作；
包含每个过程注释的自解释性代码；
更好地理解代码工作流程和每个步骤的结果；
通过使以前用于特定任务的代码片段进行查找来避免重复工作；
通过理解代码的重复使用来避免重复工作；

易于进行知识转移。

7.2.3 数据管道

数据管道是指用于识别和量化问题的数据可以从多个数据源、数据库、遗留系统、实时数据源等中生成，参与其中的数据科学家与客户的数据管理团队密切合作，提取和收集所需的数据，并将其纳入分析工具中进一步分析，然后创建一个强大的数据管道来获取这些数据。

这里，重要的是要详细记录数据源，以维护一个数据字典，解释所考虑的变量，考虑它们的原因，考虑有什么样的数据（结构化或非结构化）以及我们拥有的数据类型（无论是时间序列、多变量，还是需要预处理，并从原始来源如图像、文本、语音等生成的数据）。

7.2.4 相关性

依赖项是工具中可用的软件包和库。例如，您可以使用 Python 中用于图像相关建模的 OpenCV 库，或者您可以使用 TensorFlow 之类的 API 进行更深层次的建模。下面是另一个示例：一方面，如果在 Python 中 Matplotlib 进行可视化，Matplotlib 可以是依赖项的一部分。另一方面，依赖项还包括分析所需的硬件和软件规范。使用诸如 Conda 环境等工具列出所有相关的依赖项（前几章中关于 Pandas、NumPy 等的依赖项）包括它们的软件包/库版本，其实大家可以从一开始就明确管理依赖项。

7.2.5 使用源代码版本控制

当涉及代码有关的计算测试时，版本控制是一个重要的方面。在开发代码时，会出现错误。如果代码的早期版本都可用，那么我们就能够精确地确定错误是何时被识别、何时被解决的，以及投入其中的工作量是多少。这可以通过版本控制来实现。有时，由于可扩展性、性能或其他一些原因，您可能需要恢复到旧版本。使用源代码版本控制工具，始终可以轻松地访问以前版本的代码。

7.2.6 模块化过程

避免重复性代码是管理重复性任务、维护代码和调试的有效做法。要有效地执行这一点，您必须将流程模块化。

我们详细了解一下这一点。假设您执行了一组数据操作过程，并在其中通过开发代码完成了任务。现在，假设您需要在代码的后面使用相同的代码，需要再次添加、复制或运行相同的步骤，这是重复的任务，可通过输入数据和变量名进行更改。处理这个问题，您可以将前面的步骤作为数据集的函数或在变量上进行编写，并将所有此类函数保存为一个单独的模块，我们可以将其称之为函数文件（例如，**functions.py**，一个 Python 文件）。

在 7.3 节中，我们将更详细地讨论这个问题，特别是如何以可重复的方式收集和构建高效的数据管道的部分。

7.3 以可复制的方式收集数据

一旦确定了问题，分析任务的第一步就是收集数据。数据可以从多个来源中提取，如从数据库、遗留系统、实时数据、外部数据等。我们需要记录数据源和数据进入模型的方式。

下面让我们了解如何在 Jupyter Notebook 中使用标记和代码块功能。可以使用标记单元格将文本添加到 Jupyter Notebook 中。就像在任意文本编辑器中一样，这些文本可以更改为粗体或斜体。若要将单元格类型更改为标记，您可以使用 **Cell** 菜单。下面我们介绍如何在 Jupyter 中使用标记和代码单元中的各种功能。

7.3.1 标记单元格和代码单元格中的功能

（1）**Jupyter** 中的标记：要在 Jupyter 中选择标记选项，请从下拉菜单中单击 **Widgets** 和 **Markdown**，如图 7.1 所示。

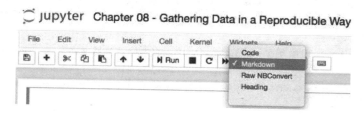

图 7.1　Jupyter Notebook 中的标记选项

（2）**Jupyter** 中的标题：在 Jupyter Notebook 中有两种类型的标题（图 7.2）。使用 <h1> 和 <h2> 标签添加标题的语法与 HTML 中的语法类似。

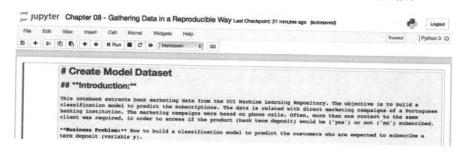

图 7.2　Jupyter Notebook 中的标题级别

（3）在 **Jupyter** 中添加文本：为了按原样添加文本，我们不向其添加任何标记，在 Jupyter Notebook 中使用普通文本如图 7.3 所示。

（4）Jupyter 中的粗体：要使文本在 Jupyter Notebook 中显示为粗体，请在文本的开头和结尾添加两颗星星（＊＊），例如，＊＊Business Problem＊＊，如图 7.4 所示：

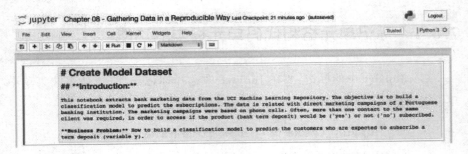

图 7.3　在 Jupyter Notebook 中使用普通文本

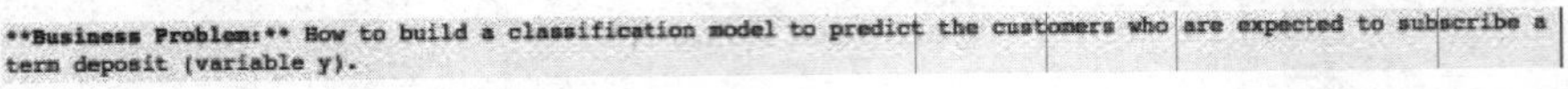

Business Problem: How to build a classification model to predict the customers who are expected to subscribe a term deposit (variable y).

图 7.4　在 Jupyter Notebook 中使用粗体文字

Jupyter 中的斜体：要使文字在 Jupyter Notebook 中以斜体显示，请在文字的开头和结尾添加一颗星号（*），如图 7.5 所示：

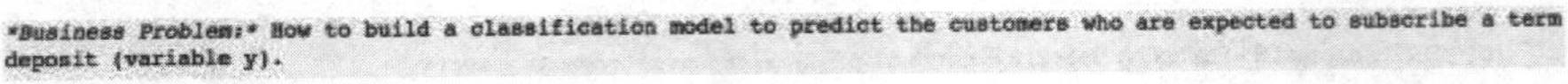

Business Problem: How to build a classification model to predict the customers who are expected to subscribe a term deposit (variable y).

图 7.5　在 Jupyter Notebook 中使用斜体文字

Jupyter 中的代码：要使文本成为代码，请从下拉列表中选择"Code"选项，如图 7.6 所示：

图 7.6　Jupyter Notebook 中的代码

7.3.2　解释标记语言中的业务问题

下面我们简要介绍业务问题，了解项目的目标。业务问题的定义是对问题陈述的总结，其中包括了使用数据科学算法解决问题的方法，如图 7.7 所示：

第 7 章
大数据分析中的再现性

Introduction:
This notebook extracts bank marketing data from the UCI Machine Learning Repository. The objective is to build a classification model to predict the subscriptions. The data is related with direct marketing campaigns of a Portuguese banking institution. The marketing campaigns were based on phone calls. Often, more than one contact to the same client was required, in order to access if the product (bank term deposit) would be ('yes') or not ('no') subscribed.

Business Problem: How to build a classification model to predict the customers who are expected to subscribe a term deposit (variable y).

图 7.7　问题定义的片段

7.3.3　提供数据源的详细介绍

我们需要正确地记录数据源,以理解数据许可证的可再现性和进一步的工作。添加数据源的示例如图 7.8 所示:

Data Source
Read the input data that is downloaded from the UCI Machine Library repository for Bank Marketing Data from the link:
https://archive.ics.uci.edu/ml/datasets/bank+marketing

```
# read the input dataset as 'df' using pandas' read_csv function
df = pd.read_csv('bank.csv', sep=';')

# view the first 5 rows of the dataset using head function
df.head(5)
```

图 7.8　Jupyter Notebook 中的数据源

7.3.4　解释标记中的数据属性

我们需要维护数据字典理解属性级别上的数据,这包括定义属性的数据类型,如图 7.9 所示。

为了在属性级别上理解数据,我们可以使用 **info** 和 **describe** 等函数进行操作;然而,panda_profingy 是一个在函数中提供大量描述性信息的库,我们可以从中提取图 7.10 中的信息:

对于整体数据来说,在 DataFrame 级别上会包括考虑的所有列和行:

变量数;

观测数据的数量;

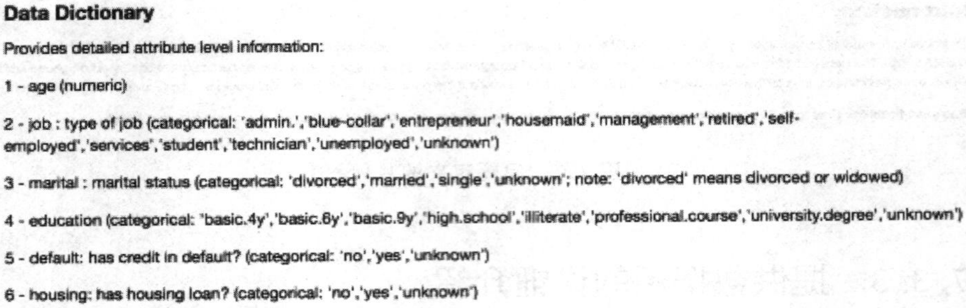

Data Dictionary

Provides detailed attribute level information:

1 - age (numeric)

2 - job : type of job (categorical: 'admin.','blue-collar','entrepreneur','housemaid','management','retired','self-employed','services','student','technician','unemployed','unknown')

3 - marital : marital status (categorical: 'divorced','married','single','unknown'; note: 'divorced' means divorced or widowed)

4 - education (categorical: 'basic.4y','basic.6y','basic.9y','high.school','illiterate','professional.course','university.degree','unknown')

5 - default: has credit in default? (categorical: 'no','yes','unknown')

6 - housing: has housing loan? (categorical: 'no','yes','unknown')

图 7.9　标记中的详细属性

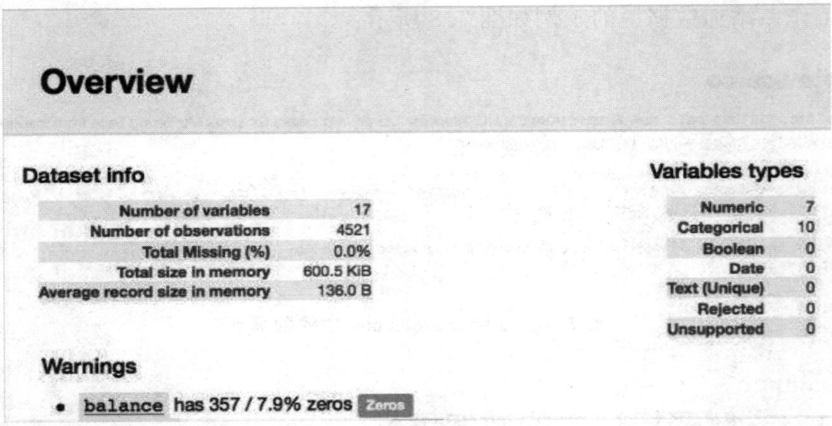

Overview

Dataset info

Number of variables	17
Number of observations	4521
Total Missing (%)	0.0%
Total size in memory	600.5 KiB
Average record size in memory	136.0 B

Variables types

Numeric	7
Categorical	10
Boolean	0
Date	0
Text (Unique)	0
Rejected	0
Unsupported	0

Warnings

- **balance** has 357 / 7.9% zeros Zeros

图 7.10　分析报告

总缺失(%)；

内存总大小；

内存中记录的平均值；

相关矩阵；

样本数据。

在针对特定列的属性级别上，规范如下：

Distinct count；

Unique(%)；

第 7 章
大数据分析中的再现性

Missing(%)；

Missing(n)；

Infinite(%)；

Infinite(n)；

分布直方图；

极值。

在 DataFrame 级别上的数据分析报告如图 7.11 所示：

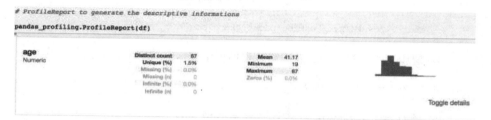

图 7.11 DataFrame 级别上的数据分析报告

练习 45：执行数据再现性

本练习的目的是学习如何在数据理解方面开发具有高再现性的代码。我们将使用 UCI 银行和营销数据集。

让我们执行以下步骤实现数据的再现性：

1. 使用标记在 Notebook 中添加标题并提及业务问题，如图 7.12 所示。

2. 将所需的库导入到 Jupyter Notebook 中。

```
import numpy as np
import Pandas as pd
import time
import re
import os
import Pandas_profiling
```

3. 现在，设置工作目录，如下命令所示。

Create Model Dataset

Introduction:

This notebook extracts bank marketing data from the UCI Machine Learning Repository. The objective is to build a classification model to predict the subscriptions. The data is related with direct marketing campaigns of a Portuguese banking institution. The marketing campaigns were based on phone calls. Often, more than one contact to the same client was required, in order to access if the product (bank term deposit) would be ('yes') or not ('no') subscribed.

Business Problem: How to build a classification model to predict the customers who are expected to subscribe a term deposit (variable y).

图 7.12　介绍和业务问题

```
os.chdir("/Users/svk/Desktop/packt_exercises")
```

4. 使用 panda 的 read_csv 函数从数据集中导入并读取输入数据集作为 df。

```
df = pd.read_csv('bank.csv', sep = ';')
```

5. 这时，使用 head 函数查看数据集的前 5 行。

```
df.head(5)
```

输出结果如图 7.13 所示：

	age	job	marital	education	default	balance	housing	loan	contact	day	month	duration	campaign	pdays
0	30	unemployed	married	primary	no	1787	no	no	cellular	19	oct	79	1	-1
1	33	services	married	secondary	no	4789	yes	yes	cellular	11	may	220	1	339
2	35	management	single	tertiary	no	1350	yes	no	cellular	16	apr	185	1	330
3	30	management	married	tertiary	no	1476	yes	yes	unknown	3	jun	199	4	-1
4	59	blue-collar	married	secondary	no	0	yes	no	unknown	5	may	226	1	-1

图 7.13　CSV 文件中的数据

6. 在 Jupyter Notebook 中添加数据字典（Data Dictionary）和数据理解（Data Understanding）部分，如图 7.14 所示。

数据理解部分如图 7.15 所示：

7. 如要理解数据规范，请使用 Pandas profiling 生成描述性信息。

```
Pandas_proiling.ProileReport(df)
```

输出结果如图 7.16 所示：

第 7 章
大数据分析中的再现性

Data Dictionary

Provides detailed attribute level information:

1 - age (numeric)

2 - job : type of job (categorical: 'admin.','blue-collar','entrepreneur','housemaid','management','retired','self-employed','services','student','technician','unemployed','unknown')

3 - marital : marital status (categorical: 'divorced','married','single','unknown'; note: 'divorced' means divorced or widowed)

4 - education (categorical: 'basic.4y','basic.6y','basic.9y','high.school','illiterate','professional.course','university.degree','unknown')

5 - default: has credit in default? (categorical: 'no','yes','unknown')

6 - housing: has housing loan? (categorical: 'no','yes','unknown')

图 7.14　数据字典（Data Dictionary）

To understand the data at a attribute level, we can use functions like info and describe, however, pandas_profiling is a library that provides many descriptive information in one function where we can extract the following information:

At dataset level:

1. Number of variables
2. Number of observations
3. Total Missing (%)
4. Total size in memory
5. Average record size in memory
6. Correlation Matrix
7. Sample Data

图 7.15　数据理解（Data Understanding）

Overview

Dataset info

Number of variables	17
Number of observations	4521
Total Missing (%)	0.0%
Total size in memory	600.5 KiB
Average record size in memory	136.0 B

Variables types

Numeric	7
Categorical	10
Boolean	0
Date	0
Text (Unique)	0
Rejected	0
Unsupported	0

Warnings

- `balance` has 357 / 7.9% zeros `Zeros`
- `previous` has 3705 / 82.0% zeros `Zeros`

图 7.16　关于数据的规范总结

笔 记

> 这个练习确定了 Jupyter Notebook 是如何创建的,包括如何为银行营销问题开发一个可重复的 Jupyter Notebook,如对业务问题、数据、数据类型、数据源等的详细介绍。

7.4 进行编码实践和标准编写

实践和标准编写对 Jupyter 或其他软件都是很好的再现及描述编码工具。我们应该严格遵循一些编码实践和标准,具体内容还将在 7.5 节中讨论。

7.4.1 环境文件

为了便于安装软件包和库,我们应该维护好代码片段进行编码实践和标准编写,对于代码再现以及工作流程描述都非常重要。以下操作有助于实现代码的再现性:

(1)下载使用的软件包和库的原始版本,并在内部调用这些软件包,以便在新设置中安装。

(2)在自动安装依赖项的脚本中运行。

7.4.2 编写带有注释的可读代码

代码注释很重要。除了在 Jupyter 上应用的标记选项外,我们还必须为每个代码片段添加注释。有时,我们以不会立即使用,但在后续步骤中需要的方式要对代码进行更改。例如,我们可以创建一个对象,它可能不会立即用于下一步,但会用于后续的步骤中,这可能会对新用户在理解流程方面造成困扰,所以在这些细节方面添加注释是至关重要的。

当我们使用一种不常用的方法时,我们必须提供使用该特定方法的理由。例如,对于正态分布下的数据转换,可以使用 box – cox 或 yeo – johnson,如果有负值,可能大家更喜欢 yeo – johnson,因为它可以处理负值,这时它需要按照图 7.17 的示例进行注释:

```
# create a PowerTransformer based transformation (box-cox) (note: box-cox can handle only positive values)
#pt = preprocessing.PowerTransformer(method='box-cox', standardize=False) # applicable if box-cox is used
pt = preprocessing.PowerTransformer(method='yeo-johnson', standardize=True, copy=True) # applicable if yeo-johnson is
```

图 7.17　包含原因的注释

我们还应该遵循良好的惯例命名创建的我们对象。例如,您可以将原始数据命名为 raw_data,并可以对模型数据、预处理数据、分析数据等执行同样的操作。在创建模型和方法等对象时也是如此,例如,我们可以将 power transformations 命名为 **pt**。

7.4.3　工作流程的有效分割

在开发代码时,需要设计一些步骤实现。每个步骤都可以是过程的一部分,例如,读取数据、理解数据、执行各种转换或构建模型。由于多种原因,每个步骤都需要明确地分开,如每个阶段的代码可读性如何执行和每个阶段的结果如何生成。

在这里,我们将看到两组测试,第一组是生成循环识别需要规范化的列,第二组是使用之前的输出生成不需要规范化的列,如图 7.18 所示:

7.4.4　工作流文档

开发产品和解决方案大多是在沙箱环境中开发、监控、部署和测试的。为了确保在新环境中顺利进行部署,我们必须为技术用户和非技术用户提供足够的支持文档,其中,工作流文档包括需求和设计文档、产品文档、方法文档、安装指南、软件用户手册、硬件和软件需求文档、故障排除管理和测试

```
# loop for identifying the columns with non-normal distribution on the transformed data
numeric_df_array = np.array(normalized_columns) # converting to numpy arrays for more efficient computation
loop_c = -1
for column in numeric_df_array.T:
    loop_c+=1
    x = column
    k2, p = stats.normaltest(x)
    alpha = 0.001
    print("p = {:g}".format(p))

    # rules for printing the normality output
    if p < alpha:
        test_result = "non_normal_distr"
        print("The null hypothesis can be rejected: non-normal distribution")
    else:
        test_result = "normal_distr"
        print("The null hypothesis cannot be rejected: normal distribution")

p = 5.41642e-23
The null hypothesis can be rejected: non-normal distribution
p = 0
The null hypothesis can be rejected: non-normal distribution
p = 1.64649e-201
The null hypothesis can be rejected: non-normal distribution
p = 0.00189662
The null hypothesis cannot be rejected: normal distribution
p = 0
The null hypothesis can be rejected: non-normal distribution
p = 3.97301e-248
The null hypothesis can be rejected: non-normal distribution
p = 4.44408e-248
The null hypothesis can be rejected: non-normal distribution

# select columns to not normalize
columns_to_notnormalize = numeric_df
columns_to_notnormalize.drop(columns_to_notnormalize.columns[col_for_normalization], axis=1, inplace=True)

# binding both the non-normalized and normalized columns
numeric_df_normalized = pd.concat([columns_to_notnormalize.reset_index(drop=True), normalized_columns], axis=1)
numeric_df_normalized.head()
```

图 7.18 工作流的有效细分

文档，这些主要是产品或解决方案开发所需要的文档。我们不能只是把一堆代码交给客户端/用户。工作流文档可在客户机/用户环境的部署和集成阶段为研发者提供帮助，这对于代码再现性来说非常重要。

在更高水平层面上，数据科学项目文档可以分为两个部分：

- 产品文档。
- 方法文档。

产品文档提供了关于如何在 UI/UX 中使用每个功能及其应用程序的信息。产品文档可以进一步细分为：

安装指南；

软件设计和用户手册；

测试文件；

故障排除管理。

方法文档提供了使用的算法、方法、解决方案等的信息。

练习 46：具有高再现性的缺失项预处理

本练习的目的是学习如何在缺失值预处理方面开发具有高再现性的代码。我们将使用 UCI 银行和营销数据集。

执行以下步骤，以查找缺失值的预处理再现性：

1. 在 Jupyter Notebook 中导入所需的程序库和软件包，如下所示。

```
import numpy as np
import Pandas as pd
import collections
import random
```

2. 设置您所选择的工作目录，如下所示。

```
os.chdir("/Users/svk/Desktop/packt_exercises")
```

3. 使用 read_csv 函数将数据集从 **bank.csv** 导入 spark 对象中，如下所示。

```
df = pd.read_csv('bank.csv', sep = ';')
```

4. 此时，使用 head 函数查看数据集的前 5 行。

```
df.head(5)
```

输出结果如图 7.19 所示：

	age	job	marital	education	default	balance	housing	loan	contact	day	month	duration	campaign	pdays	previous	poutcome	y
0	30	unemployed	married	primary	no	1787	no	no	cellular	19	oct	79	1	-1	0	unknown	no
1	33	services	married	secondary	no	4789	yes	yes	cellular	11	may	220	1	339	4	failure	no
2	35	management	single	tertiary	no	1350	yes	no	cellular	16	apr	185	1	330	1	failure	no
3	30	management	married	tertiary	no	1476	yes	yes	unknown	3	jun	199	4	-1	0	unknown	no
4	59	blue-collar	married	secondary	no	0	yes	no	unknown	5	may	226	1	-1	0	unknown	no

图 7.19　银行数据集

由于数据集没有缺失的值，所以我们必须在数据集中引入一些值。

5. 首先，设置循环参数，如下所示。

```
replaced = collections.defaultdict(set)
ix = [(row, col) for row in range(df.shape[0]) for col in range(df.
shape[1])]
random.shuffle(ix)
to_replace = int(round(.1 * len(ix)))
```

6. 创建一个用于生成缺失值的 **for** 循环。

```
for row, col in ix:
    if len(replaced[row]) < df.shape[1] - 1:
        df.iloc[row, col] = np.nan
        to_replace -= 1
        replaced[row].add(col)
        if to_replace == 0:
            break
```

7. 可以使用以下命令查看每列的缺失值，识别数据集中的缺失值。

```
print(df.isna().sum())
```

输出结果如图 7.20 所示：

```
age         442
job         424
marital     460
education   466
default     441
balance     405
housing     467
loan        474
contact     454
day         455
month       461
duration    458
campaign    484
pdays       419
previous    428
poutcome    481
y           467
dtype: int64
```

图 7.20 查找缺失值

8. 定义四分位数（IQR）的范围，并将其应用于数据集中，以识别异常值。

```
num = df._get_numeric_data()
Q1 = num.quantile(0.25)
Q3 = num.quantile(0.75)
IQR = Q3 - Q1
print(num < (Q1 - 1.5 * IQR))
print(num > (Q3 + 1.5 * IQR))
```

输出结果如图 7.21 所示：

	age	balance	day	duration	campaign	pdays	previous
0	False	False	False	False	False	False	False
1	False	False	False	False	False	False	False
2	False	False	False	False	False	False	False
3	False	False	False	False	False	False	False
4	False	False	False	False	False	False	False
5	False	False	False	False	False	False	False
6	False	False	False	False	False	False	False
7	False	False	False	False	False	False	False
8	False	False	False	False	False	False	False
9	False	False	False	False	False	False	False
10	False	False	False	False	False	False	False
11	False	False	False	False	False	False	False
12	False	False	False	False	False	False	False
13	False	False	False	False	False	False	False
14	False	False	False	False	False	False	False
15	False	False	False	False	False	False	False
16	False	False	False	False	False	False	False
17	False	False	False	False	False	False	False
18	False	False	False	False	False	False	False

图 7.21 识别异常值

7.5 避免重复

我们都知道，使代码重复并不好，这会使处理问题变得困难，而且会使代码的长度增加。为了进行调试，我们需要在整个代码中反映一个位置的更改。为了避免错误的做法，编写和维护好高级代码，我们学习一些最佳做法。

7.5.1 使用函数和循环优化代码

完成函数定义的任务需要一系列步骤,从单个输入到单个或多个输出中,循环常用于不同的样本或子集数据同一代码块上的重复任务。函数可以应用于单个变量、多个变量、DataFrame 或者多组参数的输入。

例如,假设您只需要对 DataFrame 或矩阵中的数值变量执行某种转换,这时使用函数就可以进行单个变量编写,它可以应用于所有数值列,也可以编写 DataFrame,其中函数可标识数字变量集,并可应用它们来生成输出。一旦编写了一个函数,它就可以在后续的代码中应用于任何类似的应用程序,这会减少重复的工作量。

以下是在编写函数时需要考虑的问题:

(1) 内部参数更改:输入参数可以完成从一个任务到另一个任务进行更改。这是一个常见的问题。要处理此问题,可以在定义函数输入时提到函数输入中的动态变量或对象。

(2) 未来任务计算过程中的变化:编写一个具有内部函数的函数,即使捕获任意变化,也不需要进行太多更改,这样,为新的任务重写函数就很容易了。

(3) 避免函数中的循环:如果一个过程需要按行跨数据的许多子集,则可以在每个循环中直接应用函数,这样,您的函数就不会受到相同数据重复的代码块的约束。

(4) 处理数据类型更改中的更改:函数中的返回对象可以因不同的任务而有所不同。根据任务的不同,返回对象可以根据需要转换为其他数据类或数据类型。但是,输入数据类或数据类型可以随着任务而更改,要处理这个问题,您需要清楚地注释好函数的输入。

(5) 编写优化的函数:当涉及循环或函数等重复性任务时,数组是高效的。在 Python 中,使用 NumPy 数组可以使大多数算术运算进行非常高效的数据处理。

7.5.2 为代码/算法重用开发库/包

软件包或软件库封装了一组模块。它们在代码再现性和生成的模块方面高度可靠。当开发人员和研究人员工作时，每天都会生成数千个包/库，您可以按照 Python 项目打包指南中的软件包开发说明开发一个新的包，这个教程将为您提供关于如何公开上传和分发包以及以供内部使用的信息。

测试 14：进行数据标准化

该测试的目的是应用以前练习中学习到的各种预数据处理技术，并使用预数据处理数据方法开发一个模型。

下面让我们执行以下步骤：

1. 导入所需的库，并从 bank.csv 文件中读取数据。
2. 导入数据集，并将 CSV 文件读入 Spark 对象中。

检查数据正态性，以下步骤是识别数据的正态性。

3. 对数据进行数字和分类分割，并对数字数据进行分布变换。
4. 创建一个 for 循环，该循环对所有列执行正态性测试，以检测数据的正态分布。
5. 创建一个 Power transformer。Power transformer 将把数据从非正态分布转换为正态分布。开发的模型将用于转换前先识别的非正态值的列。
6. 将创建的 Power transformer 模型应用于非正态数据。
7. 为了建立一个模型，首先需要将数据分成训练和测试进行交叉验证，并"训练"模型，然后在测试数据中预测模型进行交叉验证。最后，生成一个混淆矩阵以进行交叉验证。

笔 记

这个测试的解决方案可以在本书后面附录中找到。

7.6 总 结

在本章中,我们学习了如何从数据科学的角度,通过结构化的标准和实践来维护代码的再现性,以避免使用 Jupyter Notebook 进行重复工作。

我们首先了解了什么是再现性,以及它是如何影响数据科学工作的。我们研究了可以提高代码再现性的方向,特别是研究了如何在数据再现性方面保持有效的编码标准。我们又研究了重要的编码标准和操作实践,如何通过分割工作流,开发所有关键任务的功能来有效管理代码和避免重复工作,以及如何从可再现性的角度泛化代码来创建库和包。

在第 8 章中,我们将学习如何使用本书所学到的功能来生成一个完整的分析报告。另外,我们还将学习如何在 SQL 操作中使用各种 PySpark 功能,以及如何绘制各种可视化图。

第 8 章 创建完整的分析报告

学习目标

学习本章,您将学会:

从 Spark 中的不同源中读取数据;

对 Spark DataFrame 执行 SQL 操作;

以统一的方式生成统计测量值;

使用 Plotly 生成图表和绘图;

编译生成一个包含前面所有步骤和数据的分析报告。

在本章中,我们将使用 Spark 读取数据,聚合它,并提取统计度量。我们还将介绍如何使用 Pandas 从汇总的数据中生成图表,并形成分析报告。

8.1 概　　述

如果您已经在数据行业工作了一段时间,那么您会理解使用不同的数据源、分析它们,并在可消费的业务报告中呈现它们的挑战性。当在 Python 上使用 Spark 时,您可能必须从各种源读取数据,例如平面文件、JSON 格式的 REST API 等。

在实际工作中,获取正确格式的数据总是有挑战性的,这需要多种 SQL 操作收集数据。因此,任何数据工作者都必须知道如何处理不同的文件格式和不同的文件源,并执行基本的 SQL 操作,以可消耗性的格式呈现它们。

本章提供了读取不同类型的数据、对其执行 SQL 操作、进行描述性统计分析以及生成完整的分析报告的常用方法。我们将首先了解如何将不同类型的数据读取到 PySpark 中,然后对其生成各种分析资料和绘图。

8.2 Spark 可从不同的数据源读取数据

Spark 的优点是能够从各种数据源读取数据,然而,这是随着每个 Spark 版本而不断变化的。本节将解释如何读取 CSV 和 JSON 中的文件。

练习 47:使用 PySpark 对象从 CSV 文件中读取数据

如要读取 CSV 数据,您必须编写 **spark.read.csv**("**文件名.csv**")函数。在这里,我们将读取前面章节中使用的银行数据。

笔 记

> 这里使用了 **sep** 函数。

我们必须确保根据源数据中数据的分离方式使用正确的 **sep** 函数。

现在,让我们执行以下步骤,从 bank.csv 文件中读取数据。

1. 首先,让我们将所需的包导入 Jupyter Notebook 中。

```
import os
import Pandas as pd
import numpy as np
import collections
from sklearn.base import TransformerMixin
import random
import Pandas_profiling
```

2. 接下来,导入所有必要的库。

```
import seaborn as sns
import time
import re
import os
```

```
import matplotlib.pyplot as plt
```

现在,使用 **tick** 主题使我们的数据集更加可见,并提供更高的对比度。

```
sns.set(style = "ticks")
```

1. 使用以下命令更改工作目录。

```
os.chdir("/Users/svk/Desktop/packt_exercises")
```

2. 导入 Spark 构建 Spark 会话所需的库。

```
from pyspark.sql import SparkSession
spark = SparkSession.builder.appName('ml-bank').getOrCreate()
```

3. 让我们使用以下命令创建 **df_csv Spark** 对象,之后读取 CSV 数据。

```
df_csv = spark.read.csv('bank.csv', sep = ';', header = True, inferSchema = True)
```

4. 使用以下命令打印数据结构。

```
df_csv.printSchema()
```

输出结果如图 8.1 所示:

如要读取 JSON 数据,则必须在设置 SQL 上下文后写入 read.json("文件名.json")函数,如图 8.2 所示:

8.3 在 Spark DataFrame 上进行 SQL 操作

Spark 中的 DataFrame 是一个包含行和列的分布式集合。它与关系数据库或 Excel 工作表中的表相同。一个 Spark RDD/DataFrame 可以有效地处理大量的数据,并且能够处理 pb 级的结构化或非结构化的数据。

Spark 通过将组织成列优化对数据的查询,这有助于 Spark 理解数据结构。最常用的 SQL 操作包括设置数据子集、合并数据、过滤、选择特定列、删除列、删除所有空值和添加新列等。

```
root
 |-- age: integer (nullable = true)
 |-- job: string (nullable = true)
 |-- marital: string (nullable = true)
 |-- education: string (nullable = true)
 |-- default: string (nullable = true)
 |-- balance: integer (nullable = true)
 |-- housing: string (nullable = true)
 |-- loan: string (nullable = true)
 |-- contact: string (nullable = true)
 |-- day: integer (nullable = true)
 |-- month: string (nullable = true)
 |-- duration: integer (nullable = true)
 |-- campaign: integer (nullable = true)
 |-- pdays: integer (nullable = true)
 |-- previous: integer (nullable = true)
 |-- poutcome: string (nullable = true)
 |-- y: string (nullable = true)
```

图 8.1　银行数据结构

Read JSON file in PySpark

```
# read the json data file
df_json = sqlContext.read.json('bank.json')
```

图 8.2　在 PySpark 中读取 JSON 文件

练习 48：在 PySpark 中读取数据并执行 SQL 操作

对于数据的汇总统计数据，我们可以使用 **spark_df.describe( ).show( )** 函数，它将提供关于 DataFrame 中所有列的计数、平均值、标准差、最大值和最小值的信息。

例如，在我们考虑过的数据集中，银行营销数据集——汇总统计数据能通过如下操作得到：

1. 在创建一个新的 Jupyter Notebook 后，导入所有所需的包，如下所示。

第 8 章
创建完整的分析报告

```
import os
import Pandas as pd
import numpy as np
```

2．使用以下命令更改工作目录。

```
os.chdir("/Users/svk/Desktop/packt_exercises")
```

3．导入 Spark 构建 Spark 会话所需的所有库。

```
from pyspark.sql import SparkSession
spark = SparkSession.builder.appName('ml-bank').getOrCreate()
```

4．使用 Spark 对象创建并从 CSV 文件中读取数据，如下所示。

```
spark_df = spark.read.csv('bank.csv', sep = ';', header = True, inferSchema = True)
```

5．让我们使用以下命令打印来自 Spark 对象的前 5 行输出。

```
spark_df.head(5)
```

输出结果如图 8.3 所示：

```
[Row(age=30, job='unemployed', marital='married', education='primary', default='no', balance=1787, housing='no', loan='no', contact='cellular', day=19, month='oct', duration=79, campaign=1, pdays=-1, previous=0, poutcome='unknown', y='no'),
 Row(age=33, job='services', marital='married', education='secondary', default='no', balance=4789, housing='yes', loan='yes', contact='cellular', day=11, month='may', duration=220, campaign=1, pdays=339, previous=4, poutcome='failure', y='no'),
 Row(age=35, job='management', marital='single', education='tertiary', default='no', balance=1350, housing='yes', loan='no', contact='cellular', day=16, month='apr', duration=185, campaign=1, pdays=330, previous=1, poutcome='failure', y='no'),
 Row(age=30, job='management', marital='married', education='tertiary', default='no', balance=1476, housing='yes', loan='yes', contact='unknown', day=3, month='jun', duration=199, campaign=4, pdays=-1, previous=0, poutcome='unknown', y='no'),
 Row(age=59, job='blue-collar', marital='married', education='secondary', default='no', balance=0, housing='yes', loan='no', contact='unknown', day=5, month='may', duration=226, campaign=1, pdays=-1, previous=0, poutcome='unknown', y='no')]
```

图 8.3　前 5 行的银行数据（非结构化）

6．之前的输出是非结构化的。让我们首先确定数据类型继续获取结构化数据。使用以下命令打印输出每一列的数据类型。

```
spark_df.printSchema()
```

输出结果如图 8.4 所示：

7．让我们计算带有名称行和列的总数，以清楚地了解我们所拥有的数据。

```
spark_df.count()
```

输出结果如下。

```
4521
len(spark_df.columns), spark_df.columns
```

输出结果如图8.5所示：

```
root
 |-- age: integer (nullable = true)
 |-- job: string (nullable = true)
 |-- marital: string (nullable = true)
 |-- education: string (nullable = true)
 |-- default: string (nullable = true)
 |-- balance: integer (nullable = true)
 |-- housing: string (nullable = true)
 |-- loan: string (nullable = true)
 |-- contact: string (nullable = true)
 |-- day: integer (nullable = true)
 |-- month: string (nullable = true)
 |-- duration: integer (nullable = true)
 |-- campaign: integer (nullable = true)
 |-- pdays: integer (nullable = true)
 |-- previous: integer (nullable = true)
 |-- poutcome: string (nullable = true)
 |-- y: string (nullable = true)
```

```
(17,
 ['age',
  'job',
  'marital',
  'education',
  'default',
  'balance',
  'housing',
  'loan',
  'contact',
  'day',
  'month',
  'duration',
  'campaign',
  'pdays',
  'previous',
  'poutcome',
  'y'])
```

图8.4　银行数据类型(结构化)　　　　图8.5　行数和列名称的总数

8. 使用以下命令打印输出 DataFrame 的汇总统计信息。

```
spark_df.describe().show()
```

输出结果如图8.6所示：

要从一个 DataFrame 中选择多个列，我们可以使用 **spark_df.select**('col1','col2','col3')函数。例如，让我们使用以下命令从 **balance** 列和 y 列中选择前 5 行。

```
spark_df.select('balance','y').show(5)
```

输出结果如图8.7所示：

```
# statistics for the dataframe
spark_df.describe().show()
```

```
+-------+------------------+-------+--------+---------+-------+-------------------+-------+-----+--------+
|summary|               age|    job| marital|education|default|            balance|housing| loan|contact|
|day|month|          duration|campaign|             pdays|           previous|poutcome|    y|
+-------+------------------+-------+--------+---------+-------+-------------------+-------+-----+--------+
|  count|              4521|   4521|    4521|     4521|   4521|               4521|   4521| 4521|    4521|
4521|  4521|              4521|    4521|              4521|               4521|    4521| 4521|
|   mean| 41.17009511170095|   null|    null|     null|   null| 1422.6578190665782|   null| null|    null|
2842|  null| 263.96129174961294| 2.793629727936297| 39.766644547666445| 0.5425790754257908|    null| null|
| stddev|10.576210958711263|   null|    null|     null|   null|  3009.6381424673395|   null| null|    null|
9934|  null| 259.85663262468216| 3.1098066601885823| 100.12112444301656| 1.6935623506071211|    null| null|
|    min|                19| admin.|divorced|  primary|     no|              -3313|     no|   no|cellular|
1|   apr|                 4|       1|                -1|                  0| failure|   no|
|    max|                87|unknown|  single|  unknown|    yes|              71188|    yes|  yes| unknown|
31|   sep|              3025|      50|               871|                 25| unknown|  yes|
+-------+------------------+-------+--------+---------+-------+-------------------+-------+-----+--------+
```

图 8.6 数字列的汇总统计信息

9. 为了确定两个变量之间的水平频率上的关系,可以使用交叉表(crosstab)。为了推导两列之间的交叉表,我们可以使用 spark_df.crosstab('col1','col2')函数。注意,交叉表法是在两个分类变量之间进行的,而不是在数值变量之间进行的。

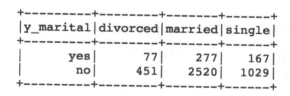

图 8.7 balance 列和 y 列的数据

```
spark_df.crosstab('y', 'marital').show()
```

分类列的成对频率如图 8.8 所示:

```
+--------+--------+-------+------+
|y_marital|divorced|married|single|
+--------+--------+-------+------+
|     yes|      77|    277|   167|
|      no|     451|   2520|  1029|
+--------+--------+-------+------+
```

图 8.8 分类列的成对频率

10. 让我们向数据集添加一个新的列。

```
# sample sets
sample1 = spark_df.sample(False, 0.2, 42)
sample2 = spark_df.sample(False, 0.2, 43)
```

```
# train set
train = spark_df.sample(False, 0.8, 44)
train.withColumn('balance_new', train.balance /2.0).
select('balance','balance_new').show(5)
```

输出结果如图 8.9 所示：

```
+-------+-----------+
|balance|balance_new|
+-------+-----------+
|   1787|      893.5|
|   4789|     2394.5|
|   1350|      675.0|
|   1476|      738.0|
|    747|      373.5|
+-------+-----------+
only showing top 5 rows
```

图 8.9　新增列的数据

11. 使用以下命令删除新创建的列。

```
train.drop('balance_new')
```

练习 49：创建和合并两个 DataFrame

在这个练习中，我们将提取，并使用来自 UCI 机器学习存储库的银行营销数据。目标是使用 PySpark 对 Spark DataFRame 执行合并操作。这些数据与一家葡萄牙银行机构的直销测试有关。这些营销测试是基于电话来进行的。通常，需要同一家客户的多个人联系，以便访问产品（银行定期存款）是否会被订购。

从当前的银行营销数据中创建两个 DataFrame，并根据一个主键将它们合并。

1. 首先，让我们在 Jupyter Notebook 中导入所需的头文件。

第 8 章
创建完整的分析报告

```
import os
import Pandas as pd
import numpy as np
import pyspark
```

2. 使用以下命令更改工作目录。

```
os.chdir("/Users/svk/Desktop/packt_exercises")
```

3. 导入 Spark 构建 Spark 会话所需的所有库。

```
from pyspark.sql import SparkSession
spark = SparkSession.builder.appName('ml-bank').getOrCreate()
```

4. 使用以下命令将 CSV 文件中的数据读取到 Spark 对象中。

```
spark_df = spark.read.csv('bank.csv', sep=';', header=True, inferSchema=True)
```

输出结果如图 8.10 所示：

```
[Row(age=30, job='unemployed', marital='married', education='primary', default='no', balance=1787, housing='no', loan='no', contact='cellular', day=19, month='oct', duration=79, campaign=1, pdays=-1, previous=0, poutcome='unknown', y='no'),
 Row(age=33, job='services', marital='married', education='secondary', default='no', balance=4789, housing='yes', loan='yes', contact='cellular', day=11, month='may', duration=220, campaign=1, pdays=339, previous=4, poutcome='failure', y='no'),
 Row(age=35, job='management', marital='single', education='tertiary', default='no', balance=1350, housing='yes', loan='no', contact='cellular', day=16, month='apr', duration=185, campaign=1, pdays=330, previous=1, poutcome='failure', y='no'),
 Row(age=30, job='management', marital='married', education='tertiary', default='no', balance=1476, housing='yes', loan='yes', contact='unknown', day=3, month='jun', duration=199, campaign=4, pdays=-1, previous=0, poutcome='unknown', y='no'),
 Row(age=59, job='blue-collar', marital='married', education='secondary', default='no', balance=0, housing='yes', loan='no', contact='unknown', day=5, month='may', duration=226, campaign=1, pdays=-1, previous=0, poutcome='unknown', y='no')]
```

图 8.10 前五行的银行数据（非结构化）

6. 如果要使用主键(ID)合并这两个 DataFrame，我们首先必须将其分割为两个 DAtaFrame。

7. 添加一个带有 **ID** 列的新的 DataFrame。

```
from pyspark.sql.functions import monotonically_increasing_id
train_with_id = spark_df.withColumn("ID", monotonically_increasing_id())
```

8. 然后，创建另一列，**ID2**。

```
train_with_id = train_with_id.withColumn('ID2', train_with_id.ID)
```

9. 使用以下命令进行分割 DataFrame。

```
train_with_id1 = train_with_id.drop('balance', "ID2")
train_with_id2 = train_with_id.select('balance', "ID2")
```

10. 现在,更改 **train_with_id2** 的 ID 列名。

```
train_with_id2 = train_with_id2.withColumnRenamed("ID2","ID")
```

11. 使用以下命令合并 **train_with_id1** 和 **train_with_id2**。

```
train_merged = train_with_id1.join(train_with_id2, on = ['ID'], how = 'left_outer')
```

练习 50:设置 DataFrame 数据子集

在本练习中,我们将提取并使用来自 UCI 机器学习存储库的银行营销数据。目标是使用 PySpark 对 Spark DataFRame 执行过滤/设置子集操作。让我们将银行营销数据中余额大于 0 的 DataFrame 作为子集:

1. 首先,在 Jupyter Notebook 中导入所需的头文件。

```
import os
import Pandas as pd
import numpy as np
import pyspark
```

2. 使用以下命令更改工作目录。

```
os.chdir("/Users/svk/Desktop/packt_exercises")
```

3. 导入 Spark 构建 Spark 会话所需的所有库。

```
from pyspark.sql import SparkSession
spark = SparkSession.builder.appName('ml-bank').getOrCreate()
```

4. 使用以下命令将 CSV 数据作为 Spark 对象读取。

```
spark_df = spark.read.csv('bank.csv', sep = ';', header = True, inferSchema = True)
```

5. 运行 SQL 查询设置子集，并过滤 DataFrame。

```
train_subsetted = spark_df.filter(spark_df.balance > 0.0)
pd.DataFrame(train_subsetted.head(5))
```

输出结果如图 8.11 所示：

	0	1	2	3	4	5	6	7	8	9	10	11	12	13	14	15	16
0	30	unemployed	married	primary	no	1787	no	no	cellular	19	oct	79	1	-1	0	unknown	no
1	33	services	married	secondary	no	4789	yes	yes	cellular	11	may	220	1	339	4	failure	no
2	35	management	single	tertiary	no	1350	yes	no	cellular	16	apr	185	1	330	1	failure	no
3	30	management	married	tertiary	no	1476	yes	yes	unknown	3	jun	199	4	-1	0	unknown	no
4	35	management	single	tertiary	no	747	no	no	cellular	23	feb	141	2	176	3	failure	no

图 8.11　已筛选的 DataFrame

8.4　生成统计测量值

Python 是一种带有统计模块的通用语言。对于大量的统计分析，如进行描述性分析，包括识别数字变量的数据分布，生成相关矩阵，识别模式的分类变量的水平频率等都可以在 Python 中进行。图 8.12 是相关性的一个例子：

识别数据的分布和标准化对于参数化模型，如线性回归（**linear regression**）和支持向量机（**support vector machine**）是很重要的。这些算法会假设数据是正态分布的。如果数据不是正态分布的，就会导致数据的偏差。在下面的例子中，我们将通过正态性检验来确定数据的分布，然后使用 **yeo - johnson** 方法应用变换对数据进行归一化，如图 8.13 所示：

然后，使用 **yeo - johnson** 方法或 **box - cox** 方法对识别出的变量进行归一化处理。

在使用预测技术的数据科学项目中，生成特征的重要性非常重要，其广泛地应用于统计分析，各种统计技术被用于识别重要的变量。这里使用的方法是 **Boruta**，它是用于变量重要性分析的环绕式随机森林（**Randomforest**）

算法。为此,我们将使用 **BorutaPy** 软件包进行变量的特征重要性分析,如图 8.14 所示:

Segment Numeric Data and Generate Correlation Matrix for Numeric Variables

```
# select numeric columns
df = pandas_df._get_numeric_data()

# call required packages
import matplotlib.pyplot as plt
import seaborn as sns
sns.set(style="ticks")

# develop a correlation matrix and represent it using heatmap
corr_df = df.corr()
sns.heatmap(corr_df, xticklabels=corr_df.columns.values, yticklabels=corr_df.columns.values, annot = True, annot_kws={'s
heat_map=plt.gcf(); heat_map.set_size_inches(10,5)
plt.xticks(fontsize=10); plt.yticks(fontsize=10); plt.show()
<Figure size 1000x500 with 2 Axes>
```

Generate Correlation Matrix Output

```
# print the correlations
print(corr_df)
               age   balance       day  duration  campaign     pdays  previous
age       1.000000  0.083820 -0.017853 -0.002367 -0.005148 -0.008894 -0.003511
balance   0.083820  1.000000 -0.008677 -0.015950 -0.009976  0.009437  0.026196
day      -0.017853 -0.008677  1.000000 -0.024629  0.160706 -0.094352 -0.059114
duration -0.002367 -0.015950 -0.024629  1.000000 -0.068382  0.010380  0.018080
campaign -0.005148 -0.009976  0.160706 -0.068382  1.000000 -0.093137 -0.067833
pdays    -0.008894  0.009437 -0.094352  0.010380 -0.093137  1.000000  0.577562
previous -0.003511  0.026196 -0.059114  0.018080 -0.067833  0.577562  1.000000
```

图 8.12 段数值数据及相关矩阵输出

Identify the Distribution of Data - Normality Test

```
# loop for identifying the columns with non-normal distribution
numeric_df_array = np.array(df) # converting to numpy arrays for more efficient computation

loop_c = -1
col_for_normalization = list()

for column in numeric_df_array.T:
    loop_c+=1
    x = column
    k2, p = stats.normaltest(x)
    alpha = 0.001
    print("p = {:g}".format(p))

    # rules for printing the normality output
    if p < alpha:
        test_result = "non_normal_distr"
        col_for_normalization.append((loop_c)) # applicable if yeo-johnson is used

        #if min(x) > 0: # applicable if box-cox is used
            #col_for_normalization.append((loop_c)) # applicable if box-cox is used
        print("The null hypothesis can be rejected: non-normal distribution")

    else:
        test_result = "normal_distr"
        print("The null hypothesis cannot be rejected: normal distribution")
```

图 8.13 识别数据的分布-正态性检验

第 8 章
创建完整的分析报告

```
# df = pd.read_csv('Daily_Demand_Forecasting_Orders.csv', sep=';')
df = pd.read_csv('bank.csv', sep=';')

# import DecisionTreeClassifier from sklearn and BorutaPy from boruta
import numpy as np
from sklearn.ensemble import RandomForestClassifier
from boruta import BorutaPy

# transform all categorical data types to integers (hot-encoding)
for col_name in df.columns:
    if(df[col_name].dtype == 'object'):
        df[col_name]= df[col_name].astype('category')
        df[col_name] = df[col_name].cat.codes

# generate separate dataframes for IVs and DV (target variable)
X = df.drop(['y'], axis=1).values
Y = df['y'].values

# build RandomForestClassifier, Boruta models and related parameter
rfc = RandomForestClassifier(n_estimators=10, n_jobs=4, class_weight='balanced', max_depth=3)
boruta_selector = BorutaPy(rfc, n_estimators='auto', verbose=2)

# fit Boruta algorithm
boruta_selector.fit(X, Y)
```

图 8.14 特征重要性

测试 15：使用 Plotly 生成可视化

在这个测试中，我们将从 UCI 机器学习存储库中提取，并使用银行营销数据。目标是在 Python 中使用 Plotly 生成可视化。

笔　记

> Plotly 的 Python 图表库可制作交互式的、出版质量的图表。

执行以下步骤，使用 Plotly 生成可视化。

1. 将所需的库和包导入 Jupyter Notebook。

2. 导入 Plotly 可视化数据可视化所需的库。

```
import plotly.graph_objs as go
from plotly.plotly import iplot
import plotly as py
```

3. 从 **bank.csv** 文件中读取数据导入 Spark DataFrame 中。

4. 检查您在系统上运行的 Plotly 版本。请确保您正在运行的是更新后的版本。使用 **pip install plotly -- upgrade** 命令,然后运行以下代码。

```
from plotly import __version__
from plotly.offline import download_plotlyjs, init_Notebook_mode, plot, iplot
print(__version__) # requires version >= 1.9.0
```

输出结果如下。

3.7.1

5. 导入所需的库,使用 Plotly 绘制图。

```
import plotly.plotly as py
import plotly.graph_objs as go
from plotly.plotly import iplot
init_Notebook_mode(connected = True)
```

6. 在以下命令中设置 Plotly 凭证,如下所示。

```
plotly.tools.set_credentials_file(username = 'Your_Username', api_key = 'Your_API_Key')
```

笔 记

如果要为 Plotly 生成一个 API 密钥,请注册一个帐户,并单击 **API** 密钥选项,然后单击再生密钥(**Regenerate Key**)选项。

7. 使用 Plotly 绘制下面的每个图表。

条形图如图 8.15 所示:

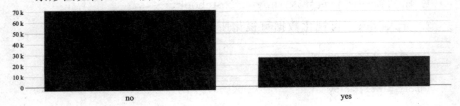

图 8.15 银行数据的条形图

散点图如图 8.16 所示:

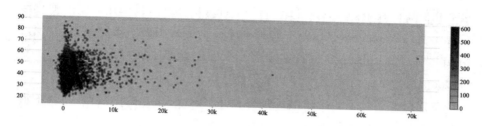

图 8.16　银行数据的散点图

箱线图如图 8.17 所示:

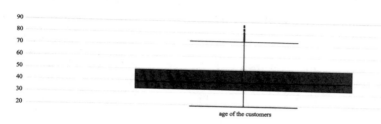

图 8.17　银行数据的箱线图

笔　记

这个测试的解决方案可以在本书后面附录中找到。

8.5　总　结

在本章中,我们学习了如何将来自不同源的数据作为 Spark DataFrame 导入到 Spark 环境中。此外,我们还学习了如何对该 DataFrame 执行各种 SQL 操作,以及如何生成各种统计度量,如相关性分析、识别数据的分布、构建特征重要性模型等。我们还研究了如何使用 Plotly 离线生成有效的图、生成各种图以完成分析报告等。

这本书以大数据为线主线为大家提供一个令人兴奋的"旅程"。我们从

Python开始，介绍了 Python 数据科学堆栈中的几个库，如 NumPy 和 Pandas，我们还研究了如何使用 Jupyter Notebook。然后，我们介绍了如何创建信息丰富的数据可视化，以及一些关于什么是好的图表的指导原则，并使用 Matplotlib 和 Seaborn 生成这些图表。我们还学习了使用大数据工具——Hadoop 和 Spark，了解其原理和基本操作。

我们已经了解了如何在 Spark 中使用 DataFrame 操作数据，并且了解了如何利用相关性和降维等概念更好地理解我们的数据。本书还介绍了可重复性相关问题，使创建的分析可以得到支持，并在需要时更好地复制，最终以报告结束了我们的学习旅程。希望本书涵盖的主题和实际示例能将您的大数据处理方法应用于各个领域提供帮助。

附 录

本部分包括为实现书中测试目标而完成的详细步骤。

第1章：Python 数据科学堆栈

测试1：IPython 和 Jupyter

1. 在文本编辑器中打开 python_script_student.py 文件,将内容复制到 IPython 中的笔记本中,并执行操作。
2. 将代码从 Python 脚本复制粘贴到 Jupyter Notebook 中。

```
import numpy as np

def square_plus(x, c):
    return np.power(x, 2) + c
```

3. 更新 x 和 c 变量的值。然后,更改该函数的定义。

```
x = 10
c = 100


result = square_plus(x, c)
print(result)
```

输出结果如下：

测试2：处理数据问题

1. 导入 Pandas 和 NumPy 库。

```
import Pandas as pd
import numpy as np
```

2. 读取 ReadNet 数据集，可从 Socrata 项目获得。

```
url = "https://opendata.socrata.com/api/views/cf4r-dfwe/rows.csv?accessType=DOWNLOAD"
df = pd.read_csv(url)
```

3. 在 ReadNet 数据集中创建一个包含放射性核素的数字列的列表。

```
columns = df.columns
id_cols = ['State', 'Location', "Date Posted", 'Date Collected', 'Sample Type', 'Unit']
columns = list(set(columns) - set(id_cols))
columns
```

4. 在一列上使用 **apply** 方法，即使用一个 **lambda** 函数比较 **Non-detect** 字符串。

```
df['Cs-134'] = df['Cs-134'].apply(lambda x: np.nan if x == "Non-detect" else x)
df.head()
```

输出结果如图 1.19 所示。

5. 用 **np.nan** 将一列中的文本值替换为 **NaN**。

```
df.loc[:, columns] = df.loc[:, columns].applymap(lambda x: np.nan if x == 'Non-detect' else x)
df.loc[:, columns] = df.loc[:, columns].applymap(lambda x: np.nan if x == 'ND' else x)
```

6. 使用相同的 lambda 比较，并同时在多个列上使用 **applymap** 方法，使

	State	Location	Date Posted	Date Collected	Sample Type	Unit	Ba-140	Co-60	Cs-134
0	ID	Boise	03/30/2011	03/23/2011	Air Filter	pCi/m3	Non-detect	Non-detect	NaN
1	ID	Boise	03/30/2011	03/23/2011	Air Filter	pCi/m3	Non-detect	Non-detect	NaN
2	AK	Juneau	03/30/2011	03/23/2011	Air Filter	pCi/m3	Non-detect	Non-detect	0.0057
3	AK	Nome	03/30/2011	03/22/2011	Air Filter	pCi/m3	Non-detect	Non-detect	NaN
4	AK	Nome	03/30/2011	03/23/2011	Air Filter	pCi/m3	Non-detect	Non-detect	NaN

图 1.19 应用 lambda 函数后的 DataFrame

用在第一步中创建的列表。

```
df.loc[:,['State','Location','Sample Type','Unit']] = df.loc[:,['State',
'Location','Sample Type','Unit']].applymap(lambda x: x.strip())
```

7. 创建一个非数字列的列表。

```
df.dtypes
```

输出结果如图 1.20 所示。

```
State           object
Location        object
Date Posted     object
Date Collected  object
Sample Type     object
Unit            object
Ba-140          object
Co-60           object
Cs-134          object
Cs-136          object
Cs-137          object
I-131           object
I-132           object
I-133           object
Te-129          object
Te-129m         object
Te-132          object
dtype: object
```

图 1.20 列的列表及其类型

8. 使用 **to_tumeric** 函数将 DataFrame 对象转换为浮点数。

```
df['Date Posted'] = pd.to_datetime(df['Date Posted'])
df['Date Collected'] = pd.to_datetime(df['Date Collected'])
for col in columns:
    df[col] = pd.to_numeric(df[col])
df.dtypes
```

输出结果如图 1.21 所示：

```
State              object
Location           object
Date Posted        datetime64[ns]
Date Collected     datetime64[ns]
Sample Type        object
Unit               object
Ba-140             float64
Co-60              float64
Cs-134             float64
Cs-136             float64
Cs-137             float64
I-131              float64
I-132              float64
I-133              float64
Te-129             float64
Te-129m            float64
Te-132             float64
dtype: object
```

图 1.21　列的列表及其类型

9. 使用选择和过滤方法，验证字符串列的名称有没有空格。

```
df['Date Posted'] = pd.to_datetime(df['Date Posted'])
df['Date Collected'] = pd.to_datetime(df['Date Collected'])
for col in columns:
    df[col] = pd.to_numeric(df[col])
df.dtypes
```

输出结果如图 1.22 所示：

```
State                    category
Location                 category
Date Posted              datetime64[ns]
Date Collected           datetime64[ns]
Sample Type              category
Unit                     category
```

图 1.22　应用选择过滤方法后的 DataFrame

测试 3：用 Pandas 绘制数据

1. 使用我们一直在使用的 RadNet DataFrame。
2. 正如我们之前学习的，修复所有的数据类型问题。
3. 将每个地址使用过滤器进行绘图，选择城市 San Bernardin 和一个放射性核素，x 轴设置为日期，y 轴设置为放射性核素 I-131。

```
df.loc[df.Location == 'San Bernardino'].plot(x = 'Date Collected', y = 'I-131')
```

输出结果如图 1.23 所示：

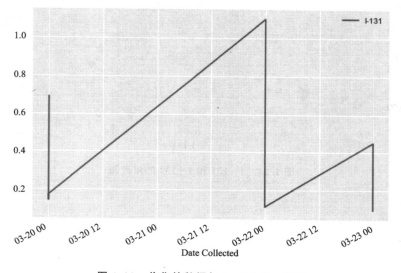

图 1.23　收集的数据与 I-131 的日期图

4. 创建一个包含两个相关的放射性核素, I‐131 和 I‐132 的浓度的散点图。

```
fig, ax = plt.subplots( )
ax.scatter(x = df['I‐131'], y = df['I‐132'])
_ = ax.set(
xlabel = 'I‐131',
ylabel = 'I‐132',
title = 'Comparison between concentrations of I‐131 and I‐132')
```

输出结果如图1.24 所示:

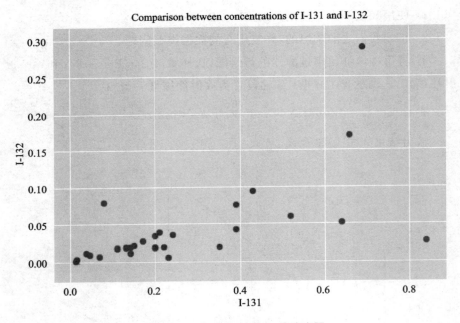

图1.24 I‐131 和 I‐132 的浓度图

附 录

第 2 章：使用 Matplotlib 和 Seaborn 的数据进行可视化

测试 4：使用散点图来理解变量间的关系

1. 将所需的库导入到 Jupyter Notebook 中，并从 Auto – MPG 数据集存储库中读取数据集。

```
%matplotlib inline
import Pandas as pd
import numpy as np
import matplotlib as mpl
import matplotlib.pyplot as plt
import seaborn as sns

url = "https://archive.ics.uci.edu/ml/machine-learning-databases/auto-mpg/auto-mpg.data"
df = pd.read_csv(url)
```

2. 提供列名以简化数据集，如下所示。

```
column_names = ['mpg', 'cylinders', 'displacement', 'horsepower', 'weight', 'acceleration', 'year', 'origin', 'name']
```

3. 读取带有列名的新数据集，并显示。

```
df = pd.read_csv(url, names = column_names, delim_whitespace = True)
df.head()
```

所绘图如图 2.29 所示：

4. 使用 scatter 方法绘制散点图。

```
fig, ax = plt.subplots()
ax.scatter(x = df['horsepower'], y = df['weight'])
```

	mpg	cylinders	displacement	horsepower	weight	acceleration	year	origin	name
0	18.0	8	307.0	130.0	3504.0	12.0	70	1	chevrolet chevelle malibu
1	15.0	8	350.0	165.0	3693.0	11.5	70	1	buick skylark 320
2	18.0	8	318.0	150.0	3436.0	11.0	70	1	plymouth satellite
3	16.0	8	304.0	150.0	3433.0	12.0	70	1	amc rebel sst
4	17.0	8	302.0	140.0	3449.0	10.5	70	1	ford torino

图 2.29 Auto‑MPG DataFrame

输出结果如图 2.30 所示：

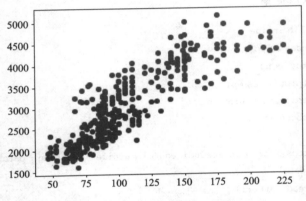

图 2.30 使用 scatter 法绘制的散点图

测试 5：使用面向对象的 API 和 Pandas DataFrame 的折线图

1. 在 Jupyter Notebook 中导入所需的库，并从 Auto－MPG 数据集存储库中读取数据集。

```
% matplotlib inline
import matplotlib as mpl
import matplotlib.pyplot as plt
import numpy as np
import Pandas as pd
```

```
url = "https://archive.ics.uci.edu/ml/machine-learning-databases/auto-mpg/auto-mpg.data"
df = pd.read_csv(url)
```

2. 提供列名以简化数据集,如下所示。

```
column_names = ['mpg', 'cylinders', 'displacement', 'horsepower',
'weight', 'acceleration', 'year', 'origin', 'name']
```

3. 读取带有列名的新数据集,并显示。

```
df = pd.read_csv(url, names = column_names, delim_whitespace = True)
df.head()
```

所绘图如图 2.31 所示:

	mpg	cylinders	displacement	horsepower	weight	acceleration	year	origin	name
0	18.0	8	307.0	130.0	3504.0	12.0	70	1	chevrolet chevelle malibu
1	15.0	8	350.0	165.0	3693.0	11.5	70	1	buick skylark 320
2	18.0	8	318.0	150.0	3436.0	11.0	70	1	plymouth satellite
3	16.0	8	304.0	150.0	3433.0	12.0	70	1	amc rebel sst
4	17.0	8	302.0	140.0	3449.0	10.5	70	1	ford torino

图 2.31 Auto-MPG DataFrame

4. 使用以下命令将马力 **horsepower** 和年份 **year** 的数据类型转换为浮点数和整数。

```
df.loc[df.horsepower == '?', 'horsepower'] = np.nan
df['horsepower'] = pd.to_numeric(df['horsepower'])
df['full_date'] = pd.to_datetime(df.year, format = '%y')
df['year'] = df['full_date'].dt.year
```

5. 显示数据类型。

```
df.dtypes
```

输出结果如图 2.32 所示:

```
mpg                float64
cylinders            int64
displacement       float64
horsepower         float64
weight             float64
acceleration       float64
year                 int64
origin               int64
name                object
full_date    datetime64[ns]
dtype: object
```

图 2.32　数据类型

6. 使用以下命令绘制每年的平均马力。

```
df.groupby('year')['horsepower'].mean().plot()
```

输出结果如图 2.33 所示：

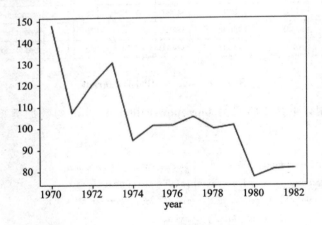

图 2.33　折线图

测试 6：将图表导出到磁盘上的文件中

1. 在 Jupyter Notebook 中导入所需的库，并从 Auto-MPG 数据集存

储库中读取数据集。

```
%matplotlib inline
import Pandas as pd
import numpy as np
import matplotlib as mpl
import matplotlib.pyplot as plt
import seaborn as sns

url = "https://archive.ics.uci.edu/ml/machine-learning-databases/auto-mpg/auto-mpg.data"
df = pd.read_csv(url)
```

2. 提供列名以简化数据集,如下所示。

```
column_names = ['mpg', 'cylinders', 'displacement', 'horsepower',
'weight', 'acceleration', 'year', 'origin', 'name']
```

3. 读取带有列名的新数据集,并显示。

```
df = pd.read_csv(url, names = column_names, delim_whitespace = True)
```

4. 使用以下命令创建条形图。

```
fig, ax = plt.subplots()
df.weight.plot(kind = 'hist', ax = ax)
```

输出结果如图 2.34 所示:

5. 使用 **savefig** 函数将其导出到一个 PNG 文件中。

```
fig.savefig('weight_hist.png')
```

测试 7:完成绘图设计

1. 在 Jupyter Notebook 中导入所需的库,并从 Auto-MPG 数据集存储库中读取数据集。

```
%matplotlib inline
```

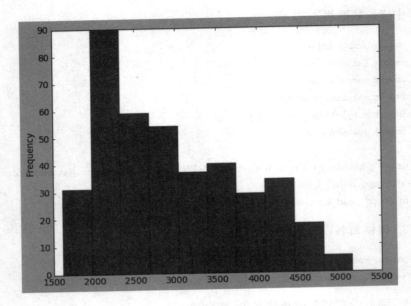

图 2.34 条形图

```
import Pandas as pd
import numpy as np
import matplotlib as mpl
import matplotlib.pyplot as plt
import seaborn as sns

url = "https://archive.ics.uci.edu/ml/machine-learning-databases/auto-mpg/auto-mpg.data"
df = pd.read_csv(url)
```

2. 提供列名以简化数据集,如下所示。

```
column_names = ['mpg', 'cylinders', 'displacement', 'horsepower',
'weight', 'acceleration', 'year', 'origin', 'name']
```

3. 现在读取带有列名的新数据集,并显示。

```
df = pd.read_csv(url, names = column_names, delim_whitespace = True)
```

4. 对年份 **year** 和气缸数 **cyclinders** 执行 GroupBy 操作,并取消将它们

附 录

设置为索引的选项。

```
df_g = df.groupby(['year', 'cylinders'], as_index = False)
```

5. 计算分组期间每加仑的平均英里数,并将年份设置为指数。

```
df_g = df_g.mpg.mean( )
```

6. 设置年份为 DataFrame 索引。

```
df_g = df_g.set_index(df_g.year)
```

7. 使用面向对象的 API 创建图表和轴。

```
import matplotlib.pyplot as plt
fig, axes = plt.subplots( )
```

8. 按气缸数对 df_g 数据集进行分组,并使用大小(10,8)创建的轴绘制每加仑英里数变量。

```
df = df.convert_objects(convert_numeric = True)
df_g = df.groupby(['year','cylinders'],as_index = False).horsepower.mean( )
df_g = df_g.set_index(df_g.year)
```

9. 在坐标轴上设置标题、x 标签和 y 标签。

```
fig, axes = plt.subplots( )
df_g.groupby('cylinders').horsepower.plot(axes = axes, figsize = (12,10))
_ = axes.set(
    title = "Average car power per year",
    xlabel = "Year",
    ylabel = "Power (horsepower)")
```

输出结果如图 2.35 所示:

10. 本测试包括以下图例(图 2.36)。

```
axes.legend(title = 'Cylinders', fancybox = True)
```

11. 将图表保存到磁盘的 PNG 文件中。

```
fig.savefig('mpg_cylinder_year.png')
```

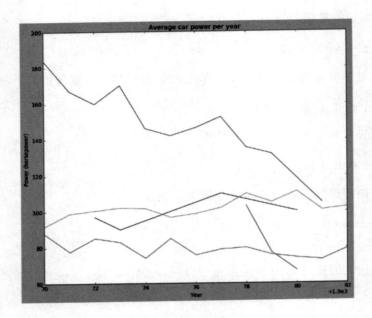

图 2.35 每年平均汽车功率的折线图(无图例)

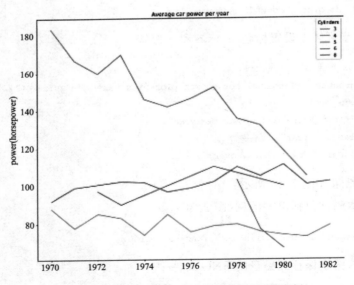

图 2.36 汽车每年平均功率的线形图(带图例)

附 录

第 3 章：使用大数据框架

测试 8：解析文本

1. 使用 text 方法将文本文件读入 Spark 对象中。

```
rdd_df = spark.read.text("/localdata/myfile.txt").rdd
```

为了解析我们正在读取的文件，我们使用 lambda 函数和 Spark 进行处理，例如使用 Map、FlatMap 和 ReduceByKey。Flatmap 将函数应用于 RDD 的所有元素中，并对结果进行扁平化，返回转换后的 RDD。ReduceByKey 根据给定的键合并值，组合这些值。使用这些函数，我们可以统计文本中的行数和单词数。

2. 使用以下命令从文本中提取行。

```
lines = rdd_df.map(lambda line: line[0])
```

3. 将文件中的每一行拆分为列表中的一个条目。如要检查结果，您可以使用 collect 将所有数据收集回驱动程序进程。

```
lines.collect()
```

4. 让我们使用 count 方法计算行数。

```
lines.count()
```

笔 记

使用 collect 方法时要特别注意！如果正在收集的 DataFrame 或 RDD 大于本地驱动程序的内存，Spark 将抛出错误。

5. 让我们首先将每一行拆分成单词，用它周围的空格分隔组合所有元素，并删除大写的单词。

```
splits = lines.flatMap(lambda x: x.split(' '))
lower_splits = splits.map(lambda x: x.lower())
```

6. 删除停用词，可以使用来自 NLTK 的更一致的停用词列表，此时，将自己划行。

```
stop_words = ['of', 'a', 'and', 'to']
```

7. 使用以下命令从标记列表中删除停止词。

```
tokens = lower_splits.filter(lambda x: x and x not in stop_words)
```

我们可以处理标记列表并计算唯一的单词。这会生成一个元组列表，其中第一个元素是标记，第二个元素是该特定标记的计数。

8. 我们先将标记映射到一个列表中。

```
token_list = tokens.map(lambda x: [x, 1])
```

9. 使用 ReduceByKey 执行操作，将该操作应用于每个列表。

```
count = token_list.reduceByKey(add).sortBy(lambda x: x[1], ascending=False)
count.collect()
```

请将所有数据收集回驱动程序节点！要经常使用 top 和 htop 等工具检查是否有足够的内存。

第 4 章：使用 Spark 深入进行探索

测试 9：开始使用 Spark DataFrame

如果您使用 Google Colab 运行 Jupyter Notebook，请添加以下行，以确保您已设置环境友好。

```
! apt-get install openjdk-8-jdk-headless -qq > /dev/null
! wget -q http://www-us.apache.org/dist/spark/spark-2.4.0/spark-2.4.0-binhadoop2.7.tgz
! tar xf spark-2.4.0-bin-hadoop2.7.tgz
! pip install -q findspark
import os
os.environ["JAVA_HOME"] = "/usr/lib/jvm/java-8-openjdk-amd64"
os.environ["SPARK_HOME"] = "/content/spark-2.4.2-bin-hadoop2.7"
```

如果未安装 findspark,请使用以下命令安装。

```
pip install -q findspark
```

1. 如要通过手动指定模式创建示例 DataFrame,请导入 Findspark 模块以将 Jupyter 与 Spark 进行连接。

```
import findspark
findspark.init()
import pyspark
import os
```

2. 使用以下命令创建 SparkContext 和 SQLContext。

```
sc = pyspark.SparkContext()
from pyspark.sql import SQLContext
sqlc = SQLContext(sc)

from pyspark.sql import *
na_schema = Row("Name","Subject","Marks")
row1 = na_schema("Ankit", "Science",95)
row2 = na_schema("Ankit", "Maths", 86)
row3 = na_schema("Preity", "Maths", 92)
na_list = [row1, row2, row3]
df_na = sqlc.createDataFrame(na_list)
type(df_na)
```

输出结果如下。

```
pyspark.sql.dataframe.DataFrame
```

3. 使用以下命令检查 DataFrame。

df_na.show( )

输出结果如图 4.29 所示：

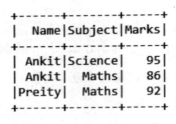

图 4.29　样本 DataFrame

4. 从现有的 RDD 中创建示例 DataFrame，先创建 RDD，如下所示。

data = [("Ankit","Science",95),("Preity","Maths",86),("Ankit","Maths",86)]
data_rdd = sc.parallelize(data)
type(data_rdd)

输出结果如下。

pyspark.rdd.RDD

5. 使用以下命令将 RDD 转换为 DataFrame。

data_df = sqlc.createDataFrame(data_rdd)
data_df.show( )

输出结果如图 4.30 所示：

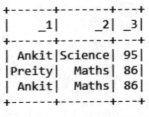

图 4.30　RDD 到 DataFrame

6. 从 CSV 文件中读取数据创建一个示例 DataFrame。

```
df = sqlc.read.format('com.databricks.spark.csv').options
(header = 'true', inferschema = 'true').load('mtcars.csv')
type(df)
```

输出结果如下。

```
pyspark.sql.dataframe.DataFrame
```

7. 打印 DataFrame 的前 7 行。

```
df.show(7)
```

输出结果如图 4.31 所示:

```
+----+---+-----+---+----+-----+-----+---+---+----+----+
| mpg|cyl| disp| hp|drat|   wt| qsec| vs| am|gear|carb|
+----+---+-----+---+----+-----+-----+---+---+----+----+
|21.0|  6|160.0|110| 3.9| 2.62|16.46|  0|  1|   4|   4|
|21.0|  6|160.0|110| 3.9|2.875|17.02|  0|  1|   4|   4|
|22.8|  4|108.0| 93|3.85| 2.32|18.61|  1|  1|   4|   1|
|21.4|  6|258.0|110|3.08|3.215|19.44|  1|  0|   3|   1|
|18.7|  8|360.0|175|3.15| 3.44|17.02|  0|  0|   3|   2|
|18.1|  6|225.0|105|2.76| 3.46|20.22|  1|  0|   3|   1|
|14.3|  8|360.0|245|3.21| 3.57|15.84|  0|  0|   3|   4|
+----+---+-----+---+----+-----+-----+---+---+----+----+
only showing top 7 rows
```

图 4.31 DataFrame 的前 7 行

8. 打印 DataFrame。

```
df.printSchema( )
```

9. 输出结果如图 4.32 所示。

10. 请打印 DataFrame 中的列数和行数。

```
print('number of rows:'+ str(df.count( ))
print('number of columns:'+ str(len(df.columns))
```

输出结果如下。

```
number of rows:32
```

```
root
 |-- mpg: double (nullable = true)
 |-- cyl: integer (nullable = true)
 |-- disp: double (nullable = true)
 |-- hp: integer (nullable = true)
 |-- drat: double (nullable = true)
 |-- wt: double (nullable = true)
 |-- qsec: double (nullable = true)
 |-- vs: integer (nullable = true)
 |-- am: integer (nullable = true)
 |-- gear: integer (nullable = true)
 |-- carb: integer (nullable = true)
```

图 4.32 DataFrame 的架构

`number of columns:11`

11. 打印 DataFrame 和任何两个单独列的摘要统计信息。

`df.describe( ).show( )`

输出结果如图 4.33 所示：

图 4.33 DataFrame 的汇总统计数据

打印任意两列的摘要。

`df.describe(['mpg','cyl']).show( )`

输出结果如图 4.34 所示：

```
+-------+------------------+------------------+
|summary|               mpg|               cyl|
+-------+------------------+------------------+
|  count|                32|                32|
|   mean|20.090624999999996|            6.1875|
| stddev| 6.026948052089103|1.7859216469465444|
|    min|              10.4|                 4|
|    max|              33.9|                 8|
+-------+------------------+------------------+
```

图 4.34 mpg 和 cyl 列的汇总统计数据

12. 在 CSV 文件中写入示例 DataFrame 的前 7 行。

```
df_p = df.toPandas()
df_p.head(7).to_csv("mtcars_head.csv")
```

测试 10：使用 Spark DataFrames 进行数据操作

1. 安装如下所示的软件包。

```
!apt-get install openjdk-8-jdk-headless -qq > /dev/null
!wget -q http://www-us.apache.org/dist/spark/spark-2.4.0/spark-2.4.0-bin-hadoop2.7.tgz
!tar xf spark-2.4.0-bin-hadoop2.7.tgz
!pip install -q findspark
import os
os.environ["JAVA_HOME"] = "/usr/lib/jvm/java-8-openjdk-amd64"
os.environ["SPARK_HOME"] = "/content/spark-2.4.0-bin-hadoop2.7"
```

2. 导入 findspark 模块以连接 Jupyter 和 Spark，使用以下命令。

```
import findspark
findspark.init()
import pyspark
import os
```

3. 创建 SparkContext 和 SQLContext，如下所示。

```
sc = pyspark.SparkContext()
from pyspark.sql import SQLContext
sqlc = SQLContext(sc)
```

4. 在 Spark 中创建一个 DataFrame，如下所示。

```
df = sqlc.read.format('com.databricks.spark.csv').options(header='true', inferschema='true').load('mtcars.csv')
df.show(4)
```

输出结果如图 4.35 所示：

```
+---------------+----+---+-----+---+----+-----+-----+--+--+----+----+
|          model|mpg |cyl|disp | hp|drat|  wt |qsec |vs|am|gear|carb|
+---------------+----+---+-----+---+----+-----+-----+--+--+----+----+
|      Mazda RX4|21.0|  6|160.0|110| 3.9| 2.62|16.46| 0| 1|   4|   4|
|  Mazda RX4 Wag|21.0|  6|160.0|110| 3.9|2.875|17.02| 0| 1|   4|   4|
|     Datsun 710|22.8|  4|108.0| 93|3.85| 2.32|18.61| 1| 1|   4|   1|
|  Hornet 4 Drive|21.4|  6|258.0|110|3.08|3.215|19.44| 1| 0|   3|   1|
+---------------+----+---+-----+---+----+-----+-----+--+--+----+----+
only showing top 4 rows
```

图 4.35 Spark 中的 DataFrame

5. 使用以下命令重命名 DataFrame 的任意 5 列。

```
data = df
new_names = ['mpg_new', 'cyl_new', 'disp_new', 'hp_new', 'drat_new']
for i,z in zip(data.columns[0:5],new_names):
    data = data.withColumnRenamed(str(i),str(z))
data.columns
```

输出结果如图 4.36 所示：

```
['mpg_new',
 'cyl_new',
 'disp_new',
 'hp_new',
 'drat_new',
 'drat',
 'wt',
 'qsec',
 'vs',
 'am',
 'gear',
 'carb']
```

图 4.36 DataFrame 的各列

6. 从 DataFrame 中选择任意两个数字和一个分类列。

```
data = df.select(['cyl','mpg','hp'])
data.show(5)
```

输出结果如图 4.37 所示：

```
+---+----+---+
|cyl| mpg| hp|
+---+----+---+
|  6|21.0|110|
|  6|21.0|110|
|  4|22.8| 93|
|  6|21.4|110|
|  8|18.7|175|
+---+----+---+
only showing top 5 rows
```

图 4.37　DataFrame 中的两个数字列和一个分类列

7. 计算分类变量中不同类别的数量。

data.select('cyl').distinct( ).count( ) ♯3

8. 通过将两个数值列相加和相乘，在 DataFrame 中创建两个新列：
输出结果如图 4.38 所示：

```
+---+------+---------+
|cyl|colsum|colproduct|
+---+------+---------+
|  6| 131.0|   2310.0|
|  6| 131.0|   2310.0|
|  4| 115.8|   2120.4|
|  6| 131.4|   2354.0|
|  8| 193.7|   3272.5|
+---+------+---------+
only showing top 5 rows
```

图 4.38　DataFrame 中的新列

9. 删除两个原始数字列（图 4.39）。

data = data.drop('mpg','hp')
data.show(5)

10. 按分类列对数据进行排序。

data = data.orderBy(data.cyl)

```
+---+------+---------+
|cyl|colsum|colproduct|
+---+------+---------+
|  6| 131.0|   2310.0|
|  6| 131.0|   2310.0|
|  4| 115.8|   2120.4|
|  6| 131.4|   2354.0|
|  8| 193.7|   3272.5|
+---+------+---------+
only showing top 5 rows
```

图 4.39　删除后的 DataFrame 中的新列

data.show(5)

输出结果如图 4.40 所示：

11. 计算分类变量中每个不同类别的求和列的平均值。

data.groupby('cyl').agg({'colsum':'mean'}).show( )

输出结果如图 4.41 所示：

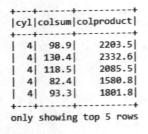

```
+---+-----------------+
|cyl|      avg(colsum)|
+---+-----------------+
|  4|            109.3|
|  6|142.02857142857144|
|  8|224.31428571428575|
+---+-----------------+
```

图 4.40　按分类列对数据进行排序　　图 4.41　总和列的平均值

12. 过滤值大于上一步计算的所有平均值的行。

```
data.count( ) #15
cyl_avg = data.groupby('cyl').agg({'colsum':'mean'})
avg = cyl_avg.agg({'avg(colsum)':'mean'}).toPandas( ).iloc[0,0]
data = data.filter(data.colsum > avg)
data.count( )
data.show(5)
```

输出结果如图 4.42 所示：

```
+---+------+------------------+
|cyl|colsum|        colproduct|
+---+------+------------------+
|  6| 194.7|            3447.5|
|  8| 193.7|            3272.5|
|  8| 196.4|2951.9999999999995|
|  8| 259.3|            3503.5|
|  8| 197.3|            3114.0|
+---+------+------------------+
only showing top 5 rows
```

图 4.42 总和列计算的所有平均值的平均值

13. 将生成的 DataFrame 重复数据删除，以确保整体具有唯一性。

```
data = data.dropDuplicates()
data.count()
```

输出结果为 15。

测试 11：Spark 中的图表

1. 在 Jupyter Notebook 中导入所需的 Python 库。

```
import Pandas as pd
import os
import matplotlib.pyplot as plt
import seaborn as sns
%matplotlib inline
```

2. 使用以下命令读取并显示 CSV 文件中的数据。

```
df = pd.read_csv('mtcars.csv')
df.head()
```

输出结果如图 4.43 所示。

	model	mpg	cyl	disp	hp	drat	wt	qsec	vs	am	gear	carb
0	Mazda RX4	21.0	6	160.0	110	3.90	2.620	16.46	0	1	4	4
1	Mazda RX4 Wag	21.0	6	160.0	110	3.90	2.875	17.02	0	1	4	4
2	Datsun 710	22.8	4	108.0	93	3.85	2.320	18.61	1	1	4	1
3	Hornet 4 Drive	21.4	6	258.0	110	3.08	3.215	19.44	1	0	3	1
4	Hornet Sportabout	18.7	8	360.0	175	3.15	3.440	17.02	0	0	3	2

图 4.43 Auto-mpg DataFrame

3. 使用直方图可视化来自数据集中的任何连续数值变量的离散频率分布。

```
plt.hist(df['mpg'], bins = 20)
plt.ylabel('Frequency')
plt.xlabel('Values')
plt.title('Frequency distribution of mpg')
plt.show()
```

输出结果如图 4.44 所示。

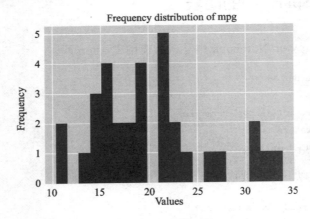

图 4.44 离散频率分布直方图

接着,使用饼状图可视化数据集中类别的百分比份额。

```
## Calculate count of records for each gear
```

```
data = pd.DataFrame([[3,4,5],df['gear'].value_counts().tolist()]).T
data.columns = ['gear','gear_counts']
## Visualising percentage contribution of each gear in data using pie chart
plt.pie(data.gear_counts, labels = data.gear, startangle = 90, autopct = '%.1f%%')
plt.title('Percentage contribution of each gear')
plt.show()
```

输出结果如图 4.45 所示：

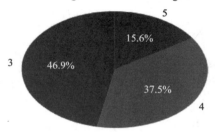

图 4.45　使用饼状图的类别的百分比份额

5. 使用箱线图绘制连续变量在分类变量中的分布。

```
sns.boxplot(x = 'gear', y = 'disp', data = df)
plt.show()
```

输出结果如图 4.46 所示：

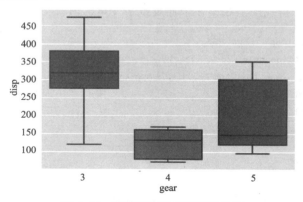

图 4.46　连续型变量箱线图的分布

6. 使用折线图可视化连续数字变量的值。

```
data = df[['hp']]
data.plot(linestyle = '-')
plt.title('Line Chart for hp')
plt.ylabel('Values')
plt.xlabel('Row number')
plt.show( )
```

输出结果如图 4.47 所示：

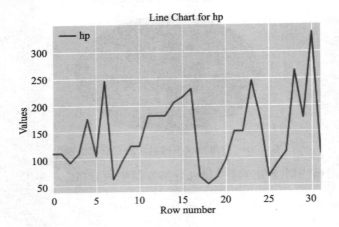

图 4.47　使用折线图表示的连续数值变量

7. 在同一折线图上绘制多个连续数字变量的值。

```
data = df[['hp','disp','mpg']]
data.plot(linestyle = '-')
plt.title('Line Chart for hp, disp & mpg')
plt.ylabel('Values')
plt.xlabel('Row number')
plt.show( )
```

输出结果如图 4.48 所示：

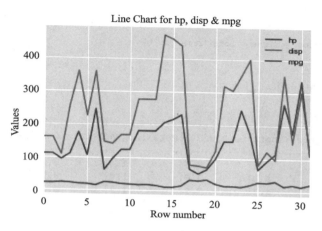

图 4.48　多个连续数值变量

第 5 章：Spark 中的缺失值处理和相关性分析

测试 12：PySpark DataFrame 中的缺失值处理和相关性分析

1. 在 Jupyter Notebook 中导入所需的库和模块，如下所示。

```
import findspark
findspark.init()
import pyspark
import random
```

2. 在 Jupyter Notebook 中使用以下命令设置 SparkContext。

```
sc = pyspark.SparkContext(appName = "chapter5")
```

3. 同样，在 Notebook 中设置 SQLContext。

```
from pyspark.sql import SQLContext
sqlc = SQLContext(sc)
```

4. 使用以下命令将 CSV 数据读取到 Spark 对象中。

```
df = sqlc.read.format('com.databricks.spark.csv').options(header = 'true', inferschema = 'true').load('iris.csv')
df.show(5)
```

输出结果如图 5.14 所示：

```
+-----------+----------+-----------+----------+-------+
|Sepallength|Sepalwidth|Petallength|Petalwidth|Species|
+-----------+----------+-----------+----------+-------+
|        5.1|       3.5|        1.4|       0.2| setosa|
|        4.9|       3.0|        1.4|       0.2| setosa|
|        4.7|       3.2|        1.3|       0.2| setosa|
|        4.6|       3.1|        1.5|       0.2| setosa|
|        5.0|       3.6|        1.4|       0.2| setosa|
+-----------+----------+-----------+----------+-------+
only showing top 5 rows
```

图 5.14　Iris DataFrame，将 CSV 数据读入到 Spark 对象中

5. 用列的平均值填充 Sepallength 列中的缺失值。

6. 首先，使用以下命令计算 Sepallength 列的平均值。

```
from pyspark.sql.functions import mean
avg_sl = df.select(mean('Sepallength')).toPandas()['avg(Sepallength)']
```

7. 现在，用列的平均值计算 Sepallength 列中的缺失值，如下所示。

```
y = df
y = y.na.fill(float(avg_sl),['Sepallength'])
y.describe().show(1)
```

输出结果如图 5.15 所示：

```
+-------+-----------+----------+-----------+----------+-------+
|summary|Sepallength|Sepalwidth|Petallength|Petalwidth|Species|
+-------+-----------+----------+-----------+----------+-------+
|  count|        150|       150|        149|       150|    150|
+-------+-----------+----------+-----------+----------+-------+
only showing top 1 row
```

图 5.15　Iris DataFrame

8. 计算数据集的相关矩阵。请确保导入所需的模块,如下所示。

```
from pyspark.mllib.stat import Statistics
import Pandas as pd
```

9. 在计算相关性之前,填充 DataFrame 中缺失的值。

```
z = y.fillna(1)
```

10. 接下来,从 PySparkDataFrame 中删除 string 列,如下所示。

```
a = z.drop('Species')
features = a.rdd.map(lambda row: row[0:])
```

11. 计算 Spark 中的相关矩阵。

```
correlation_matrix = Statistics.corr(features, method = "pearson")
```

12. 接下来,使用以下命令将相关矩阵转换为 Pandas DataFrame。

```
correlation_df = pd.DataFrame(correlation_matrix)
correlation_df.index, correlation_df.columns = a.columns, a.columns
correlation_df
```

输出结果如图 5.16 所示:

	Sepallength	Sepalwidth	Petallength	Petalwidth
Sepallength	1.000000	-0.113841	0.861480	0.807310
Sepalwidth	-0.113841	1.000000	-0.427570	-0.366126
Petallength	0.861480	-0.427570	1.000000	0.962741
Petalwidth	0.807310	-0.366126	0.962741	1.000000

图 5.16 将相关矩阵转换为 Pandas DataFrame

13. 绘制显示强正相关的变量对,并在其上拟合一条线性线。

14. 首先,将 Spark DataFrame 中的数据加载到 Pandas DataFrame 中。

```
import Pandas as pd
dat = y.toPandas( )
```

```
type(dat)
```

输出结果如下。

```
Pandas.core.frame.DataFrame
```

15. 接下来,使用以下命令加载所需的模块并绘制数据。

```
import matplotlib.pyplot as plt
import seaborn as sns
% matplotlib inline
sns.lmplot(x = "Sepallength", y = "Petallength", data = dat)
plt.show( )
```

输出结果如图 5.17 所示:

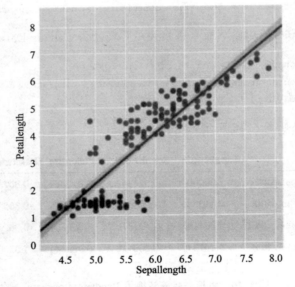

图 5.17　Seaborn plot, x="Sepallength", y="Petallength"

16. 绘制图表,使 x 等于 Sepallength, y 等于 Petalwidth。

```
import seaborn as sns
sns.lmplot(x = "Sepallength", y = "Petalwidth", data = dat)
plt.show( )
```

输出结果如图 5.18 所示。

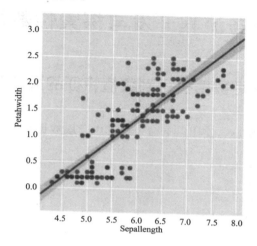

图 5.18　Seaborn plot, x="Sepallength", y="Petalwidth"

17. 绘制图表,使 x 等于 Petalwidth, y 等于 Petalwidth。

```
sns.lmplot(x = "Petallength", y = "Petalwidth", data = dat)
plt.show( )
```

输出结果如图 5.19 所示。

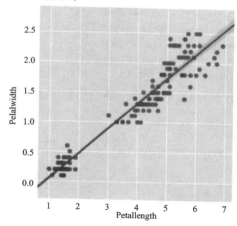

图 5.19　Seaborn plot, x="Petallength", y="Petalwidth"

第6章：业务流程开发与探索性数据分析

测试13：从给定数据执行到数值特征的高斯分布映射

1. 下载 bank.csv，使用以下命令从其中读取数据。

```
import numpy as np
import Pandas as pd
import seaborn as sns
import time
import re
import os
import matplotlib.pyplot as plt
sns.set(style = "ticks")
# import libraries required for preprocessing
import sklearn as sk
from scipy import stats
from sklearn import preprocessing
# set the working directory to the following
os.chdir("/Users/svk/Desktop/packt_exercises")
# read the downloaded input data (marketing data)
df = pd.read_csv('bank.csv', sep = ';')
```

2. 识别 DataFrame 中的数字数据。可以根据数据类型对其进行分类，如分类、数字（浮点数、整数）、日期等。要识别数字数据，因为我们只能对数字数据进行归一化。

```
numeric_df = df._get_numeric_data()
numeric_df.head()
```

输出结果如图 6.12 所示。

3. 进行正态性检验并识别具有非正态分布的特征。

```
numeric_df_array = np.array(numeric_df) # converting to numpy arrays for
```

```
# lets segment the data to numeric and categorical and carry out distribution transformation on the numeric data
# for getting numerical data from the raw data
numeric_df = df._get_numeric_data()
numeric_df.head()
```

	age	balance	day	duration	campaign	pdays	previous
0	30	1787	19	79	1	-1	0
1	33	4789	11	220	1	339	4
2	35	1350	16	185	1	330	1
3	30	1476	3	199	4	-1	0
4	59	0	5	226	1	-1	0

图 6.12　DataFrame

more efficient computation

```
    loop_c = -1
    col_for_normalization = list()
    for column in numeric_df_array.T:
        loop_c += 1
        x = column
        k2, p = stats.normaltest(x)
        alpha = 0.001
        print("p = {:g}".format(p))
        # rules for printing the normality output
        if p < alpha:
            test_result = "non_normal_distr"
            col_for_normalization.append((loop_c)) # applicable if yeo-johnson is used
            # if min(x) > 0: # applicable if box-cox is used
                # col_for_normalization.append((loop_c)) # applicable if box-cox is used
            print("The null hypothesis can be rejected: non-normal distribution")
        else:
            test_result = "normal_distr"
            print("The null hypothesis cannot be rejected: normal distribution")
```

输出结果如图 6.13 所示。

```
p = 1.98749e-70
The null hypothesis can be rejected: non-normal distribution
p = 0
The null hypothesis can be rejected: non-normal distribution
p = 3.08647e-278
The null hypothesis can be rejected: non-normal distribution
p = 0
The null hypothesis can be rejected: non-normal distribution
p = 0
The null hypothesis can be rejected: non-normal distribution
p = 0
The null hypothesis can be rejected: non-normal distribution
p = 0
The null hypothesis can be rejected: non-normal distribution
```

图 6.13 正态性检验和识别特征

笔 记

这里进行的正态性检验是基于 D'Agostino 和皮尔逊检验（https://docs.scipy.org/doc/scipy/reference/generated/scipy.stats.normaltest.html），它结合了倾斜和峰度确定特征分布与高斯分布的接近程度。在这个检验中，如果 p 值小于设定的 alpha 值，则拒绝原假设，并且该特征不具有正态分布。在这里，我们使用循环函数查看每列，并确定每个特性的分布。

4. 绘制特征的概率密度，直观地分析其分布情况。

```
columns_to_normalize = numeric_df[numeric_df.columns[col_for_normalization]]
names_col = list(columns_to_normalize)
# density plots of the features to check the normality
columns_to_normalize.plot.kde(bw_method = 3)
```

用来检验正态性特征的密度图如图 6.14 所示：

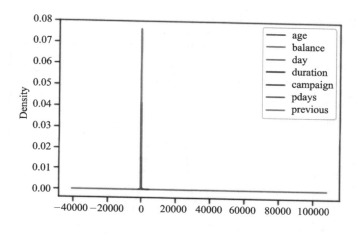

图 6.14 特征图

笔 记

多变量的密度如图 6.14 所示。图中特征的分布具有较高的正峰度,这不是正态分布。

5. 准备 Power Transformation 模型,并对识别出的特征进行变换,根据 box-cox 或 yeo-johnson 法将其转换为正态分布。

```
pt = preprocessing.PowerTransformer(method = 'yeo-johnson', standardize = True, copy = True)
normalized_columns = pt.fit_transform(columns_to_normalize)
normalized_columns = pd.DataFrame(normalized_columns, columns = names_col)
```

在前面的命令中,我们准备了 Power Transformation 模型,并将其应用于选定特征的数据。

6. 在转换后再次绘制特征的概率密度,以直观地分析特征分布:归一化的列。

```
normalized_columns.plot.kde(bw_method = 3)
```

输出结果如图 6.15 所示：

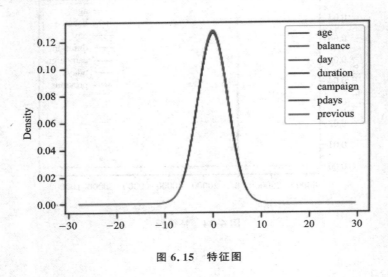

图 6.15　特征图

第 7 章：大数据分析中的再现性

测试 14：测试数据属性(列)的正态性，并对非正态分布属性进行高斯归一化

1. 在 Jupyter Notebook 中导入所需的程序库和软件包。

```
import numpy as np
import Pandas as pd
import seaborn as sns
import time
import re
import os
import matplotlib.pyplot as plt
sns.set(style = "ticks")
```

2. 导入预处理时所需的库。

```
import sklearn as sk
from scipy import stats
from sklearn import preprocessing
```

3. 使用以下命令设置工作目录。

```
os.chdir("/Users/svk/Desktop/packt_exercises")
```

4. 将数据集导入到 Spark 对象中。

```
df = pd.read_csv('bank.csv', sep = ';')
```

5. 识别数据中的目标变量。

```
DV = 'y'
df[DV] = df[DV].astype('category')
df[DV] = df[DV].cat.codes
```

6. 使用以下命令生成训练和测试数据。

```
msk = np.random.rand(len(df)) < 0.8
train = df[msk]
test = df[~msk]
```

7. 创建 Y 和 X 数据,如下所示。

```
# selecting the target variable (dependent variable) as y
y_train = train[DV]
```

8. 使用 drop 命令删除 DV 或 y。

```
train = train.drop(columns = [DV])
train.head()
```

输出结果如图 7.22 所示:

9. 对数据进行数值和类别分割,并对数字数据进行分布变换。

```
numeric_df = train._get_numeric_data()
```

对数据执行数据预处理。

	age	job	marital	education	default	balance	housing	loan	contact	day	month	duration	campaign	pdays
0	30	unemployed	married	primary	no	1787	no	no	cellular	19	oct	79	1	-1
1	33	services	married	secondary	no	4789	yes	yes	cellular	11	may	220	1	339
2	35	management	single	tertiary	no	1350	yes	no	cellular	16	apr	185	1	330
3	30	management	married	tertiary	no	1476	yes	yes	unknown	3	jun	199	4	-1
4	59	blue-collar	married	secondary	no	0	yes	no	unknown	5	may	226	1	-1

图 7.22 银行数据集

10. 使用以下命令创建一个循环，识别具有非正态分布的列（转换为 NumPy 数组以获得更高效的计算）。

```python
numeric_df_array = np.array(numeric_df)
loop_c = -1
col_for_normalization = list()
for column in numeric_df_array.T:
    loop_c += 1
    x = column
    k2, p = stats.normaltest(x)
    alpha = 0.001
    print("p = {:g}".format(p))

    # rules for printing the normality output
    if p < alpha:
        test_result = "non_normal_distr"
        col_for_normalization.append((loop_c))  # applicable if yeo-johnson is used

        # if min(x) > 0:  # applicable if box-cox is used
            # col_for_normalization.append((loop_c))  # applicable if box-cox is used
        print("The null hypothesis can be rejected: non-normal distribution")

    else:
        test_result = "normal_distr"
        print("The null hypothesis cannot be rejected: normal distribution")
```

输出结果如图 7.23 所示：

```
p = 6.57189e-54
The null hypothesis can be rejected: non-normal distribution
p = 0
The null hypothesis can be rejected: non-normal distribution
p = 2.63426e-215
The null hypothesis can be rejected: non-normal distribution
p = 0
The null hypothesis can be rejected: non-normal distribution
p = 0
The null hypothesis can be rejected: non-normal distribution
p = 0
The null hypothesis can be rejected: non-normal distribution
```

图 7.23 识别具有非线性分布的列

11. 创建基于 **PowerTransformer** 的转换(**box - cox**)。

pt = preprocessing.PowerTransformer(method = 'yeo - johnson', standardize = True, copy = True)

笔 记

box - cox 只能处理正值。

12. 对数据应用 PowerTransformer 模型,选择要规范化的列。

columns_to_normalize = numeric_df[numeric_df.columns[col_for_normalization]]
names_col = list(columns_to_normalize)

13. 创建密度图,以检查正态性。

columns_to_normalize.plot.kde(bw_method = 3)

输出结果如图 7.24 所示:

14. 使用以下命令将这些列转换为正态分布。

normalized_columns = pt.fit_transform(columns_to_normalize)
normalized_columns = pd.DataFrame(normalized_columns, columns = names_col)

15. 再次创建一个密度图检查正态性。

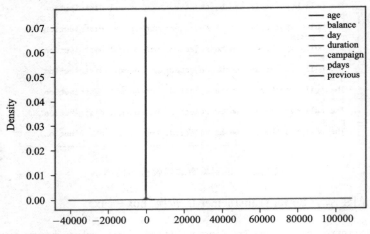

图 7.24 检查正态性的密度图

```
normalized_columns.plot.kde(bw_method = 3)
```

输出结果如图 7.25 所示：

16. 使用循环识别转换数据上具有非正态分布的列。

```
numeric_df_array = np.array(normalized_columns)
loop_c = -1
for column in numeric_df_array.T:
    loop_c += 1
    x = column
    k2, p = stats.normaltest(x)
    alpha = 0.001
    print("p = {:g}".format(p))

    # rules for printing the normality output
    if p < alpha:
        test_result = "non_normal_distr"
        print("The null hypothesis can be rejected: non-normal distribution")

    else:
```

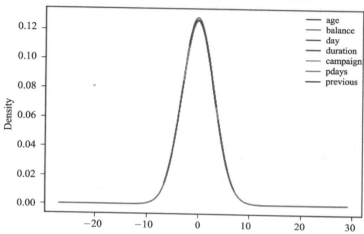

图 7.25 另一个检查正态性的密度图

```
    test_result = "normal_distr"
print("The null hypothesis cannot be rejected: normal distribution")
```

输出结果如图 7.26 所示:

17. 绑定规范化的列和非规范化的列,选择不进行规范化的列。

```
columns_to_notnormalize = numeric_df
columns_to_notnormalize.drop(columns_to_notnormalize.columns[col_for_normalization], axis = 1, inplace = True)
```

18. 使用以下命令可以同时绑定非规范化列和规范化列(图 7.27)。

```
numeric_df_normalized = pd.concat([columns_to_notnormalize.reset_index(drop = True),normalized_columns], axis = 1)
numeric_df_normalized
```

```
p = 1.05883e-20
The null hypothesis can be rejected: non-normal distribution
p = 0
The null hypothesis can be rejected: non-normal distribution
p = 3.06698e-155
The null hypothesis can be rejected: non-normal distribution
p = 0.00448565
The null hypothesis cannot be rejected: normal distribution
p = 0
The null hypothesis can be rejected: non-normal distribution
p = 2.37302e-191
The null hypothesis can be rejected: non-normal distribution
p = 1.70855e-191
The null hypothesis can be rejected: non-normal distribution
```

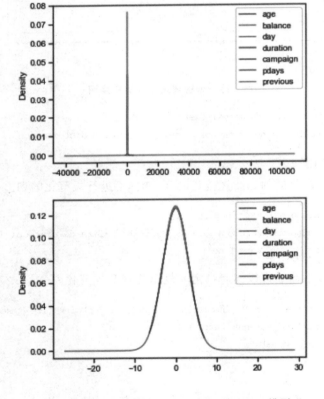

图 7.26 数据 Power transformation 模型

	age	balance	day	duration	campaign	pdays	previous
0	-1.131949	0.275589	0.430558	-0.912349	-1.107958	-0.477714	-0.477734
1	-0.734064	1.192878	-0.529802	0.145328	-1.107958	2.117009	2.153145
2	-0.492714	0.125717	0.086950	-0.044964	-1.107958	2.116381	1.999758
3	-1.131949	0.169655	-1.726794	0.034568	1.085510	-0.477714	-0.477734
4	1.508851	-0.441275	-1.387705	0.175309	-1.107958	-0.477714	-0.477734
5	-0.492714	-0.095740	0.865685	-0.333744	0.133678	2.098513	2.147552
6	-0.378316	-0.277298	-0.152213	0.648433	-1.107958	2.116381	2.126717
7	-0.057331	-0.352990	-1.231266	-0.261967	0.133678	-0.477714	-0.477734
8	0.140189	-0.316857	-0.152213	-1.216755	0.133678	-0.477714	-0.477734
9	0.326147	-0.625045	0.203356	0.547565	-1.107958	2.092070	2.126717
10	-0.057331	2.422831	0.541599	0.389145	-1.107958	-0.477714	-0.477734

图 7.27 非标准化列和标准化列

第 8 章：创建一个完整的分析报告

测试 15：使用 Plotly 生成可视化

1. 将所有所需的程序库和软件包导入到 Jupyter Notebook 中。确保将从 bank.csv 的数据读取到 Spark DataFrame 中。

2. 导入 Plotly 的库，如下所示。

```
import plotly.graph_objs as go
from plotly.plotly import iplot
import plotly as py
```

3. 为了在 Plotly 中实现可视化，我们需要启动一个离线会话，使用以下命令（需要>=1.9.0 版本）。

```
from plotly import __version__
from plotly.offline import download_plotlyjs, init_Notebook_mode, plot, iplot
```

```
print(__version__)
```

4. 现在，Plotly 已离线启动，使用以下命令启动 Plotly Notebook。

```
import plotly.plotly as py
import plotly.graph_objs as go

init_Notebook_mode(connected = True)
```

在启动 Plotly 笔记本之后，我们可以使用 Plotly 生成多种类型的图，如条形图、箱线图或散点图，并将整个输出转换为用户界面或由 Python 的 Flask 框架支持的应用程序。

5. 使用 Plotly 绘条形图。

```
df = pd.read_csv('bank.csv', sep = ';')
data = [go.Bar(x = df.y,
        y = df.balance)]
py.iplot(data)
```

条形图如图 8.18 所示：

图 8.18　条形图

绘散点图如图 8.19 所示。

```
y.iplot([go.Histogram2dContour(x = df.balance, y = df.age, contours = dict
(coloring = 'heatmap')),
    go.Scatter(x = df.balance, y = df.age, mode = 'markers',
    marker = dict(color = 'red', size = 8, opacity = 0.3))], show_link = False)
```

散点图如下：

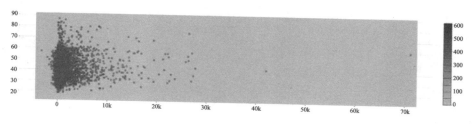

图 8.19 散点图

箱形图。

```
plot1 = go.Box(
    y = df.age,
    name = 'age of the customers',
    marker = dict(
        color = 'rgb(12, 12, 140)',
    )
)
py.iplot([plot1])
```

箱线图如图 8.20 所示：

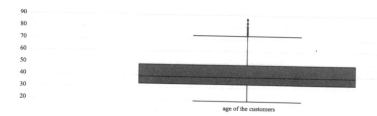

图 8.20 箱形图